哲学和我们的时代

读黑格尔《小逻辑》

周龙辉 著

社会科学文献出版社

前言

《小逻辑》并不是黑格尔出版的一本独立著作,它是黑格尔《哲学全书》的第一部分即"逻辑学",而《哲学全书》包括了"逻辑学""自然哲学""精神哲学"三部分。之所以取"小逻辑"的书名,是为了区别黑格尔在纽伦堡期间出版的《逻辑学》一书,该书也被称为"大逻辑",因为它的篇幅远大于《哲学全书》的"逻辑学"部分。

《大逻辑》出版于1812~1816年,是黑格尔在纽伦堡中学担任校长时分批次出版的,此后一直没有修改,直到1831年才准备发行第二版。1816年10月,黑格尔离开纽伦堡中学去了海德堡大学,在此,他讲授了"逻辑与形而上学"等课程,为了给学生们提供课堂讲义,在1817年出版了《哲学全书纲要》,《小逻辑》是其中的第一部分,这一版的篇幅大概是《大逻辑》篇幅的1/4,与《大逻辑》相比具有提纲挈领的性质,语言表达极其精练,黑格尔也在第一版序言中指出此书是一本"纲要的性质"的书。

《哲学全书》共有三版序言,第一版序言写于海德堡大学,时间是1817年;十年后,黑格尔转至柏林大学,出版了第二版,并作序。再过三年,也就是黑格尔去世的前一年,黑格尔出版了第三版,序言也写于同年。

  第二版的篇幅是第一版篇幅的两倍,黑格尔重新改写并增加了很多新的内容,此时距离他出版《大逻辑》已有十多年,经过了多年的思考和授课过程,可以说《哲学全书》中的"逻辑学"是《大逻辑》的一个更为成熟和老到的版本,这也是后人推崇《小逻辑》一书的原因所在。

  《小逻辑》由正文、说明和附释三部分构成,第一版只有正文,第二版黑格尔主要增加了"说明",第三版改动不大,"附释"是由后人根据学生的听课笔记整理而成的,并不是黑格尔自己所写,而是黑格尔在课堂上的口头发挥。《小逻辑》一书,除了正文,包括三篇序言、一篇开讲辞、导言和《逻辑概念的初步规定》,正文大概只占全书的3/5,而其他部分则占据2/5的规模。导言并非针对《小逻辑》的导言,而是《哲学全书》的导言,《逻辑概念的初步规定》才算是《小逻辑》的导言。从导言开始,所有的内容便开始按照小节的方式依次编排。

  《小逻辑》篇幅不长,但被公认为最难读的哲学著作之一,尤其是正文部分,表达极其精练。正因为此,虽然当代中国思想家看重《小逻辑》,但是依笔者看来,《小逻辑》的思想精髓远远没有进入汉语界。晦涩的文风掩盖了黑格尔哲学的精彩风景,使更多的人领略到这一美景,是我写作此书的初衷。我的宏愿就是把黑格尔思想世界里的精彩部分讲述给读者，若是此书能够让读者产生一些触动，或者发现了一个不同于刻板印象的黑格尔，于我而言，这便足够了。

  本书形成于北京大学的马克思主义与东西方人文经典读书会，从 2019 年起，读书会开始每周读一次黑格尔的《小逻辑》，每次读完我便写下一些文字，积少成多，才有了现在的规模。本书关于辩证法的理解多受宋朝龙老师的影响，"辩证法就是一切""辩证法生成新的主体扬弃旧有的矛盾"等无不是宋老师上课时经常提及的观点。当然，此书的写作也借鉴了国内外相关的黑格尔研究的最新成果，尤其是先刚翻译的《谢林著作集》的出版，使我对黑格尔的理解有了实质性的突破。没有以斯宾诺莎到谢林的这条思想线索作为前提，我们对黑格尔的理解是永远不得要领的。另外，本书也受惠于国内对科耶夫、拉康、齐泽克等思想家观点的引入，他们解读黑格尔的独特方式使我对黑格尔哲学的理解更为具体和生动。

目录

走进黑格尔 / 001

导论篇 / 001

莫把对真理的无知当作良知 / 003

感官无法把握到无限的对象 / 009

普遍性的对象只在精神中才存在 / 015

分裂状态不是人类最后的安息之所 / 022

抽象的自由是不自由 / 030

纯粹的光明就是纯粹的黑暗 / 037

康德与休谟从同一个地方出发走了相反的道路 / 044

有限事物的命运不在它们自身内 / 049

一切现实之物都包含有相反的规定于自身 / 056

功利主义可能为一切情欲和任性打开方便之门 / 063

生命具有感受痛苦的优先权利 / 069

灵感是长年累月教化之结果　　/ 075

浪漫主义放纵于任意想象的狂妄之中　　/ 081

在浪漫主义的时代氛围中挽救思想　　/ 087

辩证法存在于一切事物之中　　/ 092

存在论篇　/ 099

没有一种哲学可以被推翻　　/ 101

辩证法不是和稀泥　　/ 108

凡是厌烦有限的人，只是沉溺于抽象之中　　/ 115

每一真正的哲学都是唯心论　　/ 122

数学帝国主义统治着现代人的头脑　　/ 129

本质论篇　/ 135

透过现象看本质　　/ 137

黑夜里所有的牛都是黑的　　/ 144

哲学就是要扫除各不相涉的外在性　　/ 151

一切腐败的事物都可为它的腐败说出好理由 / 157

无形式的质料是抽象理智的结果 / 164

现象不是站在自己的脚跟上 / 171

割断下来的胳膊不再是胳膊 / 178

对待伟人，除了敬爱，别无二法 / 187

任何事物都是可能的，只要你为它寻得一个理由 / 194

瞬间的偶然事件可能是更大命运的征兆 / 199

命运中的一切都是自作自受 / 207

大全一体的观点是一切哲学的基础 / 214

万物一体之境界达到了最高的自由 / 221

概念论篇 / 227

哲学家的使命是发现个人冥冥之中的命运 / 229

判断是事物的演进 / 237

一切事物皆有其实体本性 / 245

我们时刻都在推论 / 252

哲学的任务是消除我们与世界的生疏感　/ 258

高级原则丧失作用时，低级原则沉渣泛起　/ 267

主观的东西不永远是主观的　/ 273

个体生命的死亡是民族精神的前进　/ 280

年轻人总以为这个世界坏透了！　/ 288

主要参考文献　/ 296

后　记　/ 300

// 走进黑格尔

1770年8月，黑格尔出生于德国西南部符腾堡公国的斯图加特，在这一年，康德已经46岁了，刚评上柯尼斯堡大学的编内正教授，开始酝酿后来举世闻名的《纯粹理性批判》一书。同年，日后将成为黑格尔朋友的荷尔德林也在五个月前出生了。此时的费希特已经8岁了，他即将得到一位乡绅的资助到外地上学。

黑格尔的父亲是一名路德派基督教徒，在公爵府税务局任书记官。他的母亲是一位有涵养的女士，受过良好的教育，在上小学之前，母亲便在家里教黑格尔拉丁文。他的父母共生了6个子女，但是只有黑格尔与他的一个弟弟和一个妹妹幸存了下来，因为彼时儿童的死亡率很高，仅仅天花便剥夺了符腾堡将近10%儿童的生命。

黑格尔在城内的拉丁语学校上小学，他学习上进，深得老师的喜爱，在他 8 岁时，他的老师勒夫勒给了他一套德译本《莎士比亚全集》，并且在扉页上有这样一段题词："你现在还读不懂，但不久就会读懂。"青少年时代的黑格尔像一个书虫，对各种书籍都十分感兴趣，经常整天泡在当地的公共图书馆。他还喜欢写日记，日记里摘录了各种书籍的片段，写下了自己对世界的思考，但是几乎没有少男少女的感情问题。黑格尔青少年时代的日记给我们展现了一个钟情于知识的早熟少年的形象——难怪后面他在图宾根大学学习时，同学给他起了"老头儿"的绰号。

1788 年，黑格尔进入图宾根大学神学院学习，一起入学的还有荷尔德林，两年后，谢林也来到图宾根大学神学院，三人在校期间成为志同道合的挚友。图宾根大学神学院是专门为各地培养牧师和教员（修道院附属的学校）的地方，前两年主要修习哲学课，后三年修习神学，因此，黑格尔在前两年上了逻辑学、经验心理学、道德哲学、本体论、宇宙论等课程，后三年则上了基督教会发展史、思辨神学、教义学、新约评注等课程。

据黑格尔的同学回忆，黑格尔在此阶段的偶像是卢梭，酷爱《爱弥儿》《社会契约论》等著作。虽然当时的德国处于神圣罗马帝国的统治下，政治与经济落后于世界的进程，但是德国人却在思想上参与了世界前进的历史。英国的工业革命和法国的政治革命从 18 世纪末开始高歌猛进，德国人在思想上参与了这一世界进程。在黑格尔入学的第二年，法国大革命的新闻传到了学校，在校园内引起一股讨论法国大革命以及关心德国命运的热潮，人们争相阅读法国报纸，发表政治演讲。据说，黑格尔和他的朋友谢林也学法国人那样，栽了一棵自由树。

1793 年，黑格尔以平平的成绩从图宾根大学毕业了，他并没有选择去成为一名牧师，而是试图成为一名作家，但是这很难。在朋友的推荐下，黑格尔前往瑞士伯尔尼的一个贵族家庭担任家庭教师。当时神学院的领导得知他受聘为家庭教师时，跟友人说到他很怀疑黑格尔是否能够承担与家庭教师相连的牺牲，他一直记着黑格尔曾经打着养病的幌子缺席了神学院的夏季学期，怀疑黑格尔在家里可能比自己父亲的地位还高，这样的状态不能胜任地位与仆人无异的家庭教师。果不其然，黑格尔干了三年家庭教师便辞职了。因为他感觉他在伯尔尼远离了思想活动的舞台，孤立无援，而谢林却已经在思想的舞台声名鹊起，这种失落感加剧了他离开伯尔尼的冲动。这一时期黑格尔并非一无所获，因为黑格尔利用东家大量的藏书，阅读了吉本、孟德斯鸠、席勒等人的著作，着手研究康德、费希特和谢林，经常与朋友通信往来，并且写下了《耶稣传》的手稿。

在荷尔德林热情的鼓动下，1796 年，黑格尔离开了伯尔尼，来到了繁华的法兰克福，终于重新跟荷尔德林相聚。

在这段时间，黑格尔撰写了《基督教的精神及其命运》《市参议员必须由公民选举》《1800年体系残篇》等手稿，阅读了康德哲学和苏格兰经济理论。但是好景不长，一方面是荷尔德林开始患上精神分裂症，另一方面是自己的父亲去世了。他不得不离开法兰克福去打开自己人生新的局面，他鼓足勇气主动写信给谢林求援，谢林欣然接受了黑格尔的请求，邀请他来到耶拿大学。1801年，黑格尔抵达耶拿投奔谢林。这次决定奠定了黑格尔的生活方向，开始他真正的思想事业，他不再是家庭教师，而是有望成为大学教授和费希特那样的哲学家。从此，他抛弃了之前自由流动的散文体，转而使用更为严谨的科学表述方法，以一种体系化的、冷峻的风格写下自己的思想。

在耶拿大学的发展历程中，歌德作为德国的文化部长曾经掌管耶拿大学，邀请了席勒担任耶拿大学的特聘教授。紧接着，费希特又来到耶拿大学，尤其是费希特对大学的阐述改变了世人对大学的看法。自中世纪以来，大学是旧道德和旧知识寄生的场所，而费希特把大学阐述为现代生活的核心机构，学者既是社会的引领者，又是人民的教育家。这些观点迅速扩散，吸引了一批又一批文化青年前往耶拿。德国浪漫主义运动的代表人物施莱格尔兄弟也移居耶拿，耶拿俨然成为那个时期德国思想文化的中心。1801年，黑格尔来到耶拿，这对于黑格尔来说是激动人心的。黑格尔以一篇拉丁文论文《论行星运行轨道》受聘为耶拿大学的无俸讲师，工资取决于他能吸引多少学生付费听课，讲授了"逻辑与形而上学"的课程。第一年，他发表了《费希特哲学体系和谢林哲学体系的差异》一文，作为谢林哲学的追随者出现在哲学舞台上，之后又与谢林合作创办《哲学评论杂志》。黑格尔在此杂志上发表了多篇论文，如《怀疑论和哲学的关系》《论信仰和知识，或主体性的反思哲学》等。

由于在编辑杂志方面的分歧，黑格尔与谢林很快就分道扬镳了，谢林逐渐对《哲学评论杂志》撒手不管，黑格尔几乎承担了整个编务工作。因为婚姻关系，1803年谢林离开了耶拿大学。黑格尔在1801年来到耶拿大学之后，讲授逻辑学与形而上学、自然法与国际公法、自然哲学、精神哲学等内容，并且跟随同事修习自然科学等学科，如植物学、化学和医学。直到1805年，在歌德的推荐下，黑格尔才从无俸讲师转为副教授，并且在这一年开始撰写《精神现象学》。

1806年，黑格尔完成了《精神现象学》的手稿，同年，黑格尔目睹拿破仑攻破耶拿城，他在给友人的信中称拿破仑是骑在马背上的世界灵魂。在《精神现象学》的序言中，黑格尔与谢林公开决裂了，批评谢林A=A的形式主义：黑夜里所有的牛都是黑的。

由于战争的影响，1807年黑格尔离开了耶拿大学，前往班堡担任《班堡报》的编辑。第二年，经人介绍转任纽伦堡高级中学担任校长，并教授知识学、逻辑学和哲学课程。在这里，黑格尔待了八年，完成了婚姻大事，出版了《逻辑学》等著作。

1816年，黑格尔转任海德堡大学的哲学教授，接替弗里斯，在海德堡大学待了两年。1817年出版了《哲学全书纲要》，这本书是授课所用的教材，包括"逻辑学""自然哲学""精神哲学"三部分，《小逻辑》即是此书的"逻辑学"部分，但是《哲学全书纲要》后面修改了两次，1827年增订了一次，篇幅增加了一倍；1830年又修改了一次，篇幅也略有增加。

1818年，黑格尔就任柏林大学哲学教席，讲授自然法与国家学、哲学史、自然哲学、宗教史、历史哲学、美学等课程，在这些课程讲稿以及学生的课堂笔记的基础上，后人出版了《哲学史讲演录》《历史哲学》《宗教哲学讲演录》等著作，只有关于自然法和国家学的讲演在黑格尔生前审定出版，即《法哲学原理》一书。

黑格尔在柏林大学的名声达到了顶峰，门生弟子众多，俨然已经形成了一个黑格尔派。结结巴巴、晦涩难懂的讲课风格成为黑格尔的特色，平实却深刻的内容吸引了许多学生前来听课。叔本华曾经两次在柏林大学开课，有意选择与黑格尔的课程相冲的时间，最后的结局是叔本华惨败而归，他的课堂无人问津。成名的黑格尔在柏林如鱼得水，但是也经历了诸多危机，譬如洪堡对黑格尔哲学体系的攻击以及谢林对黑格尔窃取他的思想的指责。另外，黑格尔也多次落选普鲁士科学院院士，前期碰到了施莱尔马赫的反对，后期又遭到自然科学家的阻挠，即使官方政要认可，黑格尔也未能遂愿。

由于感染了当时在欧洲暴发的霍乱传染病，1831年11月14日，黑格尔逝世于柏林寓所。

// 导论篇

莫把对真理的无知当作良知

这些工作占据了精神上的一切能力,各阶层人民的一切力量,以及外在的手段,致使我们精神上的内心生活不能赢得宁静。世界精神太忙碌于现实,太驰骛于外界,而不遑回到内心,转回自身,以徜徉自怡于自己原有的家园中。

——黑格尔1818年在柏林大学的开讲辞

在1817年的第一篇序言中,黑格尔发表了他对那个时代的哲学潮流的看法,黑格尔发现当时有两种趋势,一种是旧形而上学,或者说是理智形而上学,这种哲学极其狂妄,属于被康德批判的独断论。康德以前的形而上学具有专制色彩,但是由于混乱而陷入了无政府主义,他们随意从某个理智规定出发去论述理性的对象。这种哲学在我们的时代,尤其是在当代中国的"民哲"群体中广泛存在,他们从某个物理学、数学或者道德的一般观念出发去认识世界的本体,譬如认为世界的存在就是"熵",或者说世界是由光明与黑暗或者说善与恶等两种对立的东西组成的,等等。在黑格尔看来,这种康德以前的形而上学过于疯狂,其内容不过是人所熟知的知识,只不过在形式上加以奇异的拼凑而已。

尽管使人敬佩，尽管使人疯狂，而它的内容却常常充满了人所熟知的支离破碎的事实。同样它的形式也仅仅是一点有用意的有方法的容易得到的聪明智巧，加以奇异的拼凑和矫揉造作的偏曲意见，但它那表面上对学术严肃的外貌却掩盖不住自欺欺人的实情。[1]

黑格尔对这种哲学趋势的评价是热情有余、根基不足。这些思想家以为不通过深沉的劳作，利用一些简单的知识，加以奇怪的拼凑就能够直接达到美妙的哲学之境。

另一种哲学趋势是康德哲学，这种哲学的根基是怀疑主义，它认为我们根本没有能力去认识物自体，这样就消解了通过严肃理性去探讨自由、神圣与真理的可能，从而把根本的问题交给了信仰、情感甚至是个人的任性，这是黑格尔所深恶痛绝的，黑格尔不能容忍理性对无限的对象缄口不言，以至于将其拱手让给信仰、情感和启示来掌管。

然而，黑格尔在这一版序言中没有进一步阐释他自己的哲学观点，时隔十年，在《哲学全书》第二版序言中，黑格尔阐释了自己的几个哲学观点。

第一，哲学承认现实，并且要说明现实的道理。哲学被

---

[1] 黑格尔:《小逻辑》，贺麟译，商务印书馆，2016，第2页。

认为是与日常经验、国家立法和朴素的宗教意识相对立的，超凡脱俗、打倒一切宗教迷信以及批判一切既有的政治秩序。黑格尔认为这是一个很坏的偏见，哲学并不是与政治、伦理、经验和宗教相对立的，哲学应该承认这些精神形态，并且从这些精神形态中汲取力量，进而说明这些现实的精神形态的真理。一些哲学理论之所以走向与现实的精神形态对立，是因为把哲学仅仅理解为抽象的范畴，而没有从范畴转到概念，进而上升到理念。黑格尔的哲学承认这些现实的因而也是有限的精神形态，这也意味着黑格尔并不把哲学视为一种脱离有限性、现实性和经验性的无限性，而是深入各种有限的精神形态之中，譬如经验、政治与朴素宗教意识等，认识并从中汲取力量，也就丰富了无限的哲学内容本身。儒家哲学讲究"致广大而尽精微，极高明而道中庸"，大体与之类似，真正的学问是包含了丰富的有限性的无限性，而不是脱离世俗现实谈论高远之道。

第二，思辨哲学是同一与差异的同一。黑格尔哲学首先是一种同一哲学，黑格尔哲学的同一性原则是对斯宾诺莎哲学的继承，黑格尔说："对得起斯宾诺莎哲学和思辨哲学，这是我们所能要求的最低限度的公正。"[①] 思辨哲学首先具有同一性，但是这种同一性并不是说一切是一，抹杀一切区别，

---

① 黑格尔:《小逻辑》，贺麟译，商务印书馆，2016，第12页。

善与恶成了同样的东西，如此的同一是抽象的同一，而不是具体的同一。黑格尔所说的同一，是前提，我们必须认识到一切客体与主体的有限性以及它们共同从属于唯一的主体，又必须认识到主体与客体、有限与无限、善与恶之间的差别。因此，黑格尔不是将善与恶的区别当作假象，而是把恶作为实体分裂为二，善与恶都是更高主体的真实环节。黑格尔确实批判了同一性哲学抹杀了差别，但黑格尔只是否定抽象的同一，而没有否定具体的同一，同一本身不是思辨哲学的全部，但是思辨哲学的前提，正如斯宾诺莎哲学是黑格尔哲学的前提。

第三，哲学必须统摄宗教。在黑格尔活跃的普鲁士王国，宗教仍是庄严的存在，启蒙派与虔诚派占据宗教讨论的主流。与启蒙运动的思想家不同，黑格尔并没有把宗教和哲学对立起来，也没有完全反对宗教，他把宗教视为绝对理念发展的一个环节，只不过是表象层次地对绝对的把握，而哲学则上升到概念层次。宗教是意识的一个较低阶段，宗教情绪与精神内在的心情打交道，而哲学是足以宰制内在心情的力量。但黑格尔也不同于虔诚派，虔诚派把宗教归为主观情感，黑格尔认为哲学应该把宗教从主观情感与深沉虔诚的狭隘领域扩充到意识的教化，在热情的宗教意识中发现必然性的理念。

名满天下者，谤亦随之。1830年，黑格尔已经是声名远扬的哲学家，在《哲学全书》第三版序言中回应了启蒙派和虔诚派对自己的抨击。黑格尔的核心观点是哲学应该介入信仰，信仰必须变成一种精神的劳作和理性的知识。启蒙思想家提倡信仰自由，但是对信仰的内容却置若罔闻，黑格尔不满意这种消极的形式主义。而虔诚派天天念叨上帝，却始终没有把信仰变成一种学理的探讨。

《小逻辑》附了1818年黑格尔任柏林大学哲学讲席教授的开讲辞。由于聘任发生在战争之后，黑格尔在开讲致辞中不无缘由地感叹：

> 这些工作占据了精神上的一切能力，各阶层人民的一切力量，以及外在的手段，致使我们精神上的内心生活不能赢得宁静。世界精神太忙碌于现实，太驰骛于外界，而不遑回到内心，转回自身，以徜徉自怡于自己原有的家园中。①

黑格尔对哲学的命运充满了信心，这不仅因为彼时普鲁士国家建立起来了，而且黑格尔相信精神和理念本身的力量，凡是现实存在的东西无不只是理念以及符合理念的东西，凡是不符合理念的东西都将丧失存在的基础。哲学研究

---

① 黑格尔:《小逻辑》，贺麟译，商务印书馆，2016，第30页。

的第一条件是相信精神的力量，凡是符合精神本性的东西一定会不可阻挡地成为现实。黑格尔反对当时盛行的批判哲学，这种哲学把对永恒、神圣和真理的无知当作良知，浅薄的人最容易接受这样的学说了，把无知当作大智慧的虚骄之风气也便大肆流行了。

感官无法把握到无限的对象

[第 1~18 节]

这些对象之所以不能在经验科学的领域内寻得,并不是由于它们与经验无关。因为它们诚然不是感官所能经验到的,但同样也可以说,凡是在意识内的都是可以经验的。这些对象之所以属于另一范围,乃因为它们的内容是无限的。

——黑格尔:《小逻辑》,第 46~47 页

1. 人之为人在于人能思维

"人之为人在于人能思维",这是两千多年西方哲学的公理——直到理性主义传统在西方瓦解以及后现代哲学兴起,这一论断才遭到质疑——黑格尔也将这个论断当作颠扑不破的真理。黑格尔用这个公理证明了这样一个观点,即人的情感、直觉和表象并不是与思维相对立的,而是植根于思维的。人与动物不同,人能思维,而动物不能思维,所以人有宗教、法律和道德,但是动物没有。黑格尔谈论这个问题的目的在于反对那些拒绝用理性讨论宗教而主张把宗教归于情绪、直觉等非理性领域的观点,反对把宗教问题变成一种任

性、情绪和直觉的问题。黑格尔证明了人的情绪和直觉也是植根于思维,宗教情绪和对上帝的直觉实际上也是精神教化的结果。总而言之,黑格尔一直在捍卫"信仰必须变成理性认识,哲学必须统摄宗教"的观点。

黑格尔认为,哲学的对象和宗教的对象大体是相同的。哲学和宗教都把真理当作对象,不过宗教是以表象的方式把握真理,这样的真理就是上帝,而哲学是以概念的方式把握真理,黑格尔哲学的真理就是绝对理念。人类对事物的认识,在时间上总是先形成表象,而后才形成概念,但是概念并不是表象的对立面,概念必须通过表象才能达到对事物的思维着的认识。

哲学就是对事物思维着的考察,概念是哲学家考察世界的唯一工具,如此一来,一切都必须成为概念才能被哲学把握,不能成为概念的存在,譬如转瞬即逝的东西则在哲学里没有任何地位。黑格尔有一个见解,即"意识的真实内容,一经翻译为思想和概念的形式,反而更能保持其真相,甚至反而能更正确的认识"。[1] 表象模糊不清,情绪变化不定,概念更具有稳定性和清晰性,这是哲学的优点。

但人们是没有耐心的,他们不愿意经历精神的辛苦劳作,毕竟概念式的思考需要更为严格的思维训练,于是他们

---

[1] 黑格尔:《小逻辑》,贺麟译,商务印书馆,2016,第41页。

总是喜欢听熟悉的、流行的观念或者表象所表达的意思。

因此最易懂得的，莫过于著作家、传教士和演说家等人所说的话，他们对读者和听众所说的，都是后者已经知道得烂熟的东西，或者是甚为流行的，和自身明白用不着解释的东西。①

黑格尔在《精神现象学》的序言中曾经说过，"熟知并非真知"，人们熟知的东西往往混杂着表象、感觉和情绪等东西，虽然易懂，但并不等于真理，必须通过反思才能有更正确的理解。进一步，我们又必须防止另外的一个极端，即认为只有思维的反思才能通达真理，大多数人的生活是虚假的、错误的生活。黑格尔认为人们往往是"日用而不知"，正如他所举的例子，人们虽然每天都在合理地消化，但是并不知道人体的解剖学和生理学知识。

2. 感官无法把握到无限的对象

"后思"（Nachdenken）即包含着经验的原则，近代哲学从无限量的经验海洋中寻求普遍标准，从无秩序的繁杂体中寻找秩序和必然性。这意味着近代哲学的内容来源于对外

---

① 黑格尔：《小逻辑》，贺麟译，商务印书馆，2016，第40页。

界自然和自己内心的直观和知觉，经验是近代哲学的原则。黑格尔所说的"近代哲学"也就是经验科学，它们主要是寻求规律和普遍命题。例如，近代哲学将物理学称为自然哲学，将国家学称为政治哲学，黑格尔实际上不认为它们配得上哲学的名称。

但是近代哲学（经验科学）却无法把握无限（自由、精神和上帝），因为经验原则所运用的感官无法经验到这些无限的对象。另外，虽然经验科学寻求普遍性，但是经验科学的普遍性确实与特殊的东西没有内在关联，加之经验科学总是基于直接给定的材料或者权宜的假设，这使得经验科学的必然性是不足的。

黑格尔并不反对经验科学，不反对物理学、化学、生物学，不少人以为黑格尔是要以辩证法代替物理学、化学等自然科学的经验研究，这是对黑格尔的极大误解。恰恰相反，黑格尔是承认经验科学的，甚至要将经验科学的普遍原则加以运用。黑格尔认为思辨哲学与经验科学的区别在于范畴层次的不同，思辨哲学是用理性范畴，如有、无、变、质、量、度，在更高的意义上统摄经验科学的范畴，如引力、斥力、正电和负电，同时又承认它们在各自领域的有效性。

3. 只有一个哲学体系

康德认为哲学在认识无限之前，必须考察自己有没有认识无限的能力。黑格尔以"游泳"隐喻驳斥了这一观点。黑格尔认为康德考察人的认识能力的做法无异于一个学究对人说,"在没有学会游泳之前,切勿冒险下水"。人们究竟能不能认识无限,这个考察本身就是对于无限的认识,换言之,考察哲学认识能力已经属于对哲学本身的认识了。康德有没有下水游泳呢?康德实际上自己下水游泳了,并且告诉世人一旦下水游泳就会面临"四个悖论",所以劝诫大家不要下水,并把这个地方划为"信仰"的领域。从这个意义上说,康德像一位殉道者,将自己的尸体横在通往探索无限的道路上,以示世人:此路不通。

历史上的哲学流派和体系多如牛毛,这些不同的哲学体系立论不同,范式之间不可通约,甚至观点都是截然相反的。难道历史上的这些哲学体系只有一个是对的?或者从它们一方被另一方所否定的哲学历史中证明了它们实际上都是谬论?黑格尔认为实际上只有一个真正的哲学体系,其他所谓的哲学体系,如东方的儒学,西方中世纪的宗教哲学、近代的经验哲学虽然各成体系,但都是真正的哲学体系的不同环节和发展阶段。黑格尔说:

> 哲学的每一部分都是一个哲学全体,一个自身完整的圆圈。但哲学的理念在每一部分里只表达出一个特殊的规定性或因素。每个单一的圆圈,因

它自身也是整体,就要打破它的特殊因素所给它的限制,从而建立一个较大的圆圈。因此全体便有如许多圆圈所构成的大圆圈。这里面每一圆圈都是一个必然的环节,这些特殊因素的体系构成了整个理念,理念也同样表现在每一个别环节之中。①

不同的甚至是对立的哲学体系实际上是对哲学体系某个特殊原则的发挥,每一种哲学潮流都表达了某一特殊规定,但所有的哲学又统一在一个哲学体系之中,这个哲学体系是唯一的圆,包含无数小圆于其中。

---

① 黑格尔:《小逻辑》,贺麟译,商务印书馆,2016,第55~56页。

普遍性的对象只在精神中才存在

[第 19~21 节]

须知普遍作为普遍并不是存在于外面的。类作为类是不能被知觉的,星球运动的规律并不是写在天上的。所以普遍是人所不见不闻,而只是对精神而存在的。

——黑格尔:《小逻辑》,第 76 页

1. 哲学的"有用"在自身

逻辑学可以说是最难的科学,因为它处理的是纯粹的思想,没有直观,也没有感觉和表象。它不像几何学,虽然是抽象的,但是还是带有感觉和表象。当你思考"圆"的时候,你可以观察太阳、车轮等表象的圆形存在物,但是,逻辑学的对象则是纯粹抽象的思想,无法表象和感觉,只是存在于思想之中,感官无法把握。怀疑主义者休谟认为"太阳晒"和"石头热"不存在因果关联,因为休谟只承认感官,通过感官确实无法把握到这种因果关联,因果性只有通过思想才能把握到。

但也可以说,逻辑学是最容易的科学,我们谁都可以入门逻辑学。因为逻辑学的范畴人人熟知，这些范畴存在于我们的生活之中，比如有与无、质与量、一与多，等等。

有些人可能会质疑哲学没有用，普通人理解的有用一般指的是能够达到别的目的，金钱的有用不在于金钱本身，而在于能够买到消费品和荣誉，权力的有用不在于权力本身，在于能够为人民谋幸福或为自己谋私利，社会上的民众所说的"读书有用"也不在于读书本身，而在于读书能够"朝为田舍郎，暮登天子堂"。如果只就这种意义上的"有用"来说，逻辑学并无多大用处，逻辑学不会带来财富和荣誉，可能只是对于训练思维有所裨益而已。

但是黑格尔所说的"有用"是就其本身来说的"有用"，逻辑学的"有用"在于获得最高尚、最自由和最独立的东西，进入逻辑学的思想境界本身即是一种"有用"。

2. 理性不是软弱无力的

过去有一种谦卑的态度，否定我们有求得真理的能力，认为有限与无限之间存在着巨大的鸿沟，卑微的人类不可能达到对无限的认识，普遍流行着这样的观念：

> 像我这种尘世的可怜虫，如何能认识真理呢？[①]

---

① 黑格尔：《小逻辑》，贺麟译，商务印书馆，2016，第64页。

在黑格尔时代，也有一种相反的虚骄倾向，以为人人生来就是哲学家，天赋真理。这种倾向与中国的王阳明的观点具有相似之处，以为满大街都是圣人，人人生来便是尧舜。这种自诩和自信实际上是放弃了对真理的艰苦探求，没有挑起时代赋予他们推动科学进步的重任。此外，还有人认为真理是不存在的，一切皆是幻相，黑格尔认为这只会陷入主观性的虚幻之中去。最后，我们时代也存在的一种观点，即求得真理也不过如此，学习了抽象的哲学又能如何呢？得到哲学真理还不如学点实实在在的技术，提高自己的工作技能，获得实实在在的回报。黑格尔认为，寻求真理是培养自己的精神的过程，从事高尚神圣的事业本身便是无可比拟的。黑格尔说：

> 我们可以学习到许多知识和技能，可以成为循例办公的人员，也可以养成为达到特殊目的的专门技术人员。但人们，培养自己的精神，努力从事于高尚神圣的事业，却完全是另外一回事。而且我们可以希望，我们这个时代的青年，内心中似乎激励起一种对于更高尚神圣事物的渴求，而不会仅仅满足于外在知识的草芥了。[①]

---

① 黑格尔：《小逻辑》，贺麟译，商务印书馆，2016，第68页。

思想，也许你认为思想只是主观的想法，既不真实，也不现实。对于从事思想事业的人，也许，你会鄙视他们在研究虚虚实实的东西，软弱不堪，说他们沉浸在象牙塔里，嘲笑他们太幼稚、太理想化，不懂得社会现实，也改变不了现实。

但是黑格尔认为，只有思想才能达到至高无上的存在，沉浸于感官世界的人永远体验不到神圣的、自由的和无限的存在。在中国哲学里，感官（私欲）是把握不到"道"的；在马克思主义哲学里，感官也把握不到资本，只能看见机器、厂房、货币，看不到自我增殖的资本。另外，近代社会的思想摧毁了宗教，动摇了政治，其威力足以表明思想已经成为一股现实的力量，而不仅仅是象牙塔里书呆子的浮想。如同黑格尔的名言所昭示的那样，凡是合乎理性的东西都将成为现实，理性的东西不会软弱无力到无法改变现实，相反，一切现实的东西都是因为它们是合乎理性的，而那些不符合理性的东西都将消亡。

至于思想的事业，从最低限度来说，是人之为人的事业，人之异于禽兽者在于人能思想；如果能够进入黑格尔的哲学，进入纯粹的超感官领域，以无限的对象为对象，这本身即是一种精神境界，遨游于天地，自由自在。

3. 普遍性的对象只在精神中才存在

感觉与感性事物是个别性的，感性事物之间是彼此并列的，这一个苹果，这一个梨，二者是彼此相外的个别东西。表象则把这些感性内容设定在"我"之内，凭借着"我"将各个感性存在联结在一起：苹果是圆的，又是红色的。康德认为一切表象都伴随着"我"，"我"是先天综合判断得以可能的前提。黑格尔将思想当作是能动的普遍，感觉、表象中都具有一定的普遍性，感觉和表象中也具有思想，思想的产物具有普遍性，思想则是自身实现的普遍体。

中国哲学主张至高无上的"道"是"只可意会不可言传"的，所谓"道可道，非常道"，不可言说的东西在中国哲学的思想世界里是极其可贵的。黑格尔怎么看呢？黑格尔认为最不可言说的并不是最优良、最真实的东西，而是最无意义、最不真实之物。

> 凡只是我自己意谓的，便是我的，亦即属于我这个特殊个人的。但语言既只能表示共同的意谓，所以我不能说出我仅仅意谓着的。而凡不可言说的，如情绪、感觉之类，并不是最优良最真实之物，而是最无意义、最不真实之物。[①]

因为在黑格尔的看法中，某一时的情绪、某一处的感觉是不

---

① 黑格尔：《小逻辑》，贺麟译，商务印书馆，2016，第71页。

可言说的，它们只是一时的偶然感觉，没有多大意义。中国哲学与黑格尔哲学区别的关键在于思想能否把握住无限，二者都肯定人能够把握这个世界，但中国哲学否认思想、范畴能够完全把握到无限，对于一些高明精微的存在，只能体认，不可言说。

普遍性的对象，比如类、正义、天体规律、绝对，这些都不是感官知觉所能认识的。我们可以看到一个又一个人，一只又一只猫咪，但是人类和猫类是无法用肉眼看到的。我们每一个个体是生灭无常的，而作为人类则是延绵不绝的，人类的存在、永恒的存在只有通过反思才能认识。进一步说，这些对象只对精神而出现，如果没有精神和思想，这些对象是隐而不露的，精神像一盏灯照耀对象，对象也只有在精神之灯下才能够保持自己的面目。若是没有精神，挪用中国的一句古话，"天不生仲尼，万古如长夜"。如果不存在精神，普遍性的存在物也无法存在，因为普遍性的对象只有在精神之中才能存在。

马克思在写作《资本论》时曾受到这种思想的影响，马克思说："分析经济形式，既不能用显微镜，也不能用化学试剂。二者都必须用抽象力来代替。"[1]"抽象力"是什么？实际上是黑格尔所说的反思，对纷繁杂多现象的反思，而且

---

[1]《马克思恩格斯文集》(第5卷)，人民出版社，2009，第8页。

也只有运用反思或者抽象力,现代社会的存在物如商品、价值、货币、资本的本性才能被认识。一枚硬币的本性能够用肉眼看见或者用鼻子闻到吗?硬币的本性只有在整个社会关系中,通过抽象力才能得以认识,否则,尽管我们生存于商品、货币、资本的世界中,却浑然不觉,日用而不知。从一个角度来看,现代社会中,抽象成了一种现实,一种现实的统治力量。资本的本性是抽象的,但是它却成了现代社会的现实。黑格尔为什么会变成客观唯心主义者,现代社会中抽象本身越来越独立存在,成为现代社会运行的一种力量,这是它的社会根源。

分裂状态不是人类最后的安息之所

[第 23~25 节]

婴儿式的天真,无疑地,有其可歆羡和感人之处,只在于促使我们注意,使我们知道这天真谐和的境界,须通过精神的努力才会出现的。在儿童的生活里所看见的谐和乃是自然的赐予,而我们所需返回的谐和应是劳动和精神教养的收获。

——黑格尔:《小逻辑》,第 90 页

1. 事物的真实本性是我的精神的产物

耳听为虚,眼见也不一定为实,要想发现事物的真理,需要运用注意力和观察力,甚至要运用反思,改变事物直接的形态才能达到实体性的知识,才能把握事物的真理。但是康德却坚持思维和物自体之间存在距离,以为我们的知识只是主观的知识,造成思想和事情自身截然分开。

黑格尔认为,思想和事情自身的对立只是近代才开始的,我们日常生活中坚决相信思想和事情是符合的。

这种思想与事情的对立是近代哲学兴趣的转

折点。但人类的自然信念却不以为这种对立是真实的。在日常生活中，我们也进行反思，但并未特别意识到单凭反思即可达到真理；我们进行思考，不顾其他，只是坚决相信思想与事情是符合的，而这种信念确是异常重要。①

健康的理智不会否认概念与其所指涉的对象是一致的，"苹果"与其所指涉的事物并没有鸿沟。哲学的任务在于认识真理，在于使人类自古以来所相信的思维的性质——思维与事情本身是一致的——能够得到显明的自觉而已。如果一切事物真相都不是思维所思的那样，那哲学又如何能够揭示真理呢？

黑格尔说："事物的真实本性也同样是我的精神的产物。"② 这一点是最难理解的，事物的本性怎么会成为我的产物？也许无数的中学生都在会心地感叹：多么可笑的黑格尔，多么幼稚的唯心主义者。

当我们发现伟大先哲的不可理喻之处时，晚辈思想者要做的就是尽力去理解这种不可理喻。

那么，如何理解事物的本性是我的精神的产物呢？

首先，在于理解事物的本性是精神的产物。难道是说

---

① 黑格尔：《小逻辑》，贺麟译，商务印书馆，2016，第77页。
② 黑格尔：《小逻辑》，贺麟译，商务印书馆，2016，第78页。

我的精神、我的头脑所想或者某种客观性的精神可以无中生有，变出物质性的存在来？显然不是的。黑格尔这句话的意思只是在表达万事万物莫不有理（精神），桌子有桌子的精神，石头有石头的精神，国家有国家的精神，自然界中的精神是冥顽化的精神，人类的制度是客观化的自由精神。

其次，必须理解什么是"我"？按照通常理解的"我"，倘若说事物的真实本性是我的精神的产物，黑格尔岂不成了主观唯心主义者了？我们必须知道黑格尔使用"我"的文化语境，黑格尔认为只有人类才会使用"我"字，动物就不能说出"我"字。动物能够感觉到的是个别事物，比如此处的痛苦或者此时感觉到的美味，它们不能意识到自身所具有的普遍性，人类则不同，人类是能够意识到自己普遍性的存在者。当我说"我"时，我是想表达我自己是一个特定的个别的人，但是实际在表达自己的普遍性，因为每一个其他的人也说"我"。一言以蔽之，黑格尔哲学语境中的"我"与思维是同一种东西，当你在思维时就摆脱了一切特殊性，只是让普遍性在活动。

因此，"我"是作为能思者的思维，只有我作为"能思者的思维"，我才是"我"。"我"实际上是具有自我意识的思维，排除了各种特定的东西。一切活动中都有我，感觉的我、表象的我、意志的我，换句话说，一切活动中都有思维。

因此，事物的本性是我的精神的产物，这个命题实际上是，事物的本性是思维的产物，这个思维指的是排除了特定个人的思维。思维是能够表达事物的本性的。黑格尔说：

> 思想不但构成外界事物的实体，而且构成精神性的东西的普遍实体。在人的一切直观中都有思维。同样，思维是[贯穿]在一切表象、记忆中，一般讲来，在每一精神活动和在一切意志、欲望等等之中的普遍的东西。所有这一切只是思想进一步的特殊化或特殊形态。①

哲学是对世界思维着的考察，哲学家认为世界是能够而且只有通过思维才能够得到正确的表达，因为思想、精神、理性是世界的内在本质。但人与自然不同，自然是一种冥顽化的精神，而人是具有自我意识的精神，也就是能够把普遍的精神当作对象的精神，而自然只受必然性的精神支配，动物无法把普遍性的精神当作对象。

所以，这也回到前面所说，事物的本性是我的精神的产物，不可做表面理解，这实际上是在说，世界只有在精神中才能开显出真实本性，也就是说理性是世界的共性，万事万物无不以某种精神为本性。黑格尔对思维的这些规定是理

---

① 黑格尔:《小逻辑》，贺麟译，商务印书馆，2016，第80~81页。

解黑格尔作为"客观唯心主义者"的关键所在,也是我们认识和评判黑格尔的台阶,不经过这个台阶而径直去欣赏黑格尔富丽堂皇的哲学大殿,往往会出现错觉,甚至会像哲学的门外汉那样,以为仅仅凭借常识就可以嘲笑"唯心主义"的荒谬。殊不知,这种看似荒诞不经的对思维的认识却包含着德国古典哲学的全部精神遗产,这一点已为马克思在《资本论》中所提示。

2. 逻辑学是自然哲学与精神哲学的灵魂

黑格尔在前面对思想与对象的关系做了这样的规定:"思想不但构成外界事物的实体,而且构成精神性的东西的普遍实体。"① 不仅事物的真实本性只有在思想中才能呈现,而且思想本身就是事物的实体。这意味着黑格尔从思想出发统一了思想与对象,任何对象无不是思想,既必须在思想中才能显现,而且本身的存在根据是思想。

思想,就其一般意义来说,总是带有经验性的东西,这一点,康德哲学进行了论证。纯粹思想则不同,纯粹思想除了属于思维本身和通过思维而产生的东西之外,没有任何别的东西,换言之,纯粹思想是自由自在的思想,不依赖于他者,自己决定自己。思想与冲动、欲望不同,冲动和欲望受

---

① 黑格尔:《小逻辑》,贺麟译,商务印书馆,2016,第80页。

制于当时个人的特殊处境,而思想不依赖于任何他者,正是在这个意义上,我们说,思想是自由的,而欲望和冲动则是不自由的。自然哲学与精神哲学以特定的内容为对象,它们的形式是纯粹思想,所以它们在形式上是自由的,但是在内容上却是不自由的。

逻辑学离我们远吗?熟知非真知,我们常常把逻辑学的内容挂在嘴边,但是却对此熟视无睹,比如,"存在",我们已经把"存在"视为理所应当,但我们的日常生活绝不会把它当作一个讨论和考察的对象。黑格尔所言的"绝对"并不在世界之外,而就在世界之中,它与世界是须臾不可分离的,我们日用而不知。黑格尔所说的逻辑学,与中国哲学的"道"地位相当,道以成器,器不离道。黑格尔说,自然哲学与精神哲学是应用的逻辑学,自然哲学和精神哲学的灵魂是逻辑学。

3. 一切有限之物自在地具有不真实性

既然黑格尔已经将事物思想化了,一切事物不过是思想的对象化存在,因此,真理的问题就变成了思想的对象化以及思想规定本身真或不真的问题,这显然是没有意义的。唯物主义认为真理是思想和对象的符合,而黑格尔则认为真理是思想的内容与其自身的符合,一个好的政府或一件真的艺术品在于符合好政府或真艺术品的概念。不好或不真乃是因为对象的实际存在与其概念不符。

但是没有一种东西是完全符合其概念的，除了上帝，因为只有上帝才是概念与实在的真正符合。这就意味着，除了上帝之外，一切有限之物都自在地具有一种不真实性。有限之物的存在总不能完全与其概念相符合，一切幻觉和错误的来源即是听任有限之物的形式，没有认识到一切有限物的不真实性。黑格尔哲学的伟大之处即在于发现一切有限物的不真实性，发现有限物的真理不在自身，而在于他者，发现自己不是一个独立的主体，佛教讲，破除对"小我"的执着，才能发现真正的我，亦是此理。

4. 分裂状态不是人类最后的安息之所

认识真理有三种方式，经验的方式、反思的方式以及纯粹思维的方式，前面两种方式很好理解，难点在于什么是纯粹思维的方式，这种方式也被黑格尔称为"哲学的方式"。黑格尔认为通过纯粹思维的方式认识真理的核心在于指出前两种方式是有限的方式，另外又必须与怀疑主义不同，不仅要指出前两种形式的否定方面，而且要指出它们的肯定方面。否定是说感性知识和知性知识的有限性，肯定是指这种有限性知识依照无限性知识（逻辑学）的发展过程而依次出现。

黑格尔认识到后两种认识真理的方式——反思的方式和哲学的方式——容易被看成一种理性的狂傲，一种凭借人类的固有力量能够认识真理的骄傲。摩西神话已经将这种理性狂傲看成人类罪恶的开始，这就是亚当、夏娃偷食禁果——知识之果——的故事，也是摩西神话所认为的人类堕落的开始。精神生活在其朴素的本能的阶段，天真无邪，但是精神的本质又必须扬弃这种自然朴素的阶段，精神不能停留在它的自在阶段（自然），而必须进入自为阶段，由此产生了精神与自然的分裂，主观与客观的不协调。不过，这种分裂状态并不是人类最后的安息之所，古往今来的宗教、艺术、文学、哲学都试图恢复人与自然相统一的世界，基督教将整个世界神话化，浪漫主义文学将整个世界拟人化，儒家哲学将整个世界道德化……精神总是通过自己返回到原来的统一。

返回到原来的统一并不是说排斥知识，退回到蒙昧的状态。儿童的天真以及他们的谐和是自然的赐予，而我们所应返回的谐和应该是劳动和精神教养的收获。这种状态下，人与自然重新融为一体，天人合一，人类在冥顽化的精神之中顺势而为，在自由的精神之中自觉立命。

抽象的自由是不自由

[第26~36节]

这种不包含必然性的自由,或者一种没有自由的单纯必然性,只是一些抽象而不真实的观点。自由本质上是具体的,它永远自己决定自己,因此同时又是必然的。

——黑格尔:《小逻辑》,第105页

1. 理性的对象不是有限的谓词所能规定的

从哲学史来看,旧形而上学专指康德以前的形而上学,尤其是莱布尼茨-沃尔夫哲学体系;就其内容本身来看,旧形而上学是指用抽象理智的观点去把握理性的对象,这种思维方式不独为康德以前的形而上学所有。

旧形而上学认为思想可以认识一切存在,思维的规定也就是事物的基本规定。黑格尔说:

> 旧形而上学的前提与一般素朴信仰的前提相同,即认为思想可以把握事物的本身,且认为事物

的真实性质就是思想所认识的那样。①

这一点与黑格尔哲学站在了同一起点上,二者都认为思想与对象具有同一性,而且皆统一于思想。尽管我们对此充满疑惑甚至感到生疏,但是这种想法正是我们的科学以及日常生活的基础,我们认为事物就是我们所想象的、所说的那样,事物的真实性质就是科学所呈现的那样。黑格尔肯定了这一人类朴素信仰,但旧形而上学思维方式的缺陷并不在此。它的缺陷在于:

> 它只知直接采取一些抽象的思维规定,以为只消运用这些抽象规定,便可有效地作为表达真理的谓词。②

旧形而上学以知性规定去处理理性对象,用下判断的方式表达真理,更具体地说,是用一些谓词去说明绝对。比如在谈论上帝时,给出"上帝是存在的"这一论断;在谈论世界时,给出"世界是有限的"或"世界是无限的"的论断;在谈论灵魂时,给出"灵魂是简单的"论断,等等。这种论断的错误不在于论断的内容是错误的,而在于这些谓词本身

---

① 黑格尔:《小逻辑》,贺麟译,商务印书馆,2016,第96页。
② 黑格尔:《小逻辑》,贺麟译,商务印书馆,2016,第96页。

就不足以表达理性对象。"存在"是异常贫乏而空洞的概念,怎么能够表达丰富的、无限的上帝呢?"无限""简单"等也都是贫乏、抽象和片面的规定。这种错误是用低级范畴去表达高级事物的错误,与以物理学的范畴去认识生命科学或者以初等数学的范畴去认识高等数学的对象,错误的道理一样的。

旧形而上学是独断论。任何特定的学说在怀疑论者看来都是独断论,黑格尔将旧形而上学看作独断论乃是因为旧形而上学坚持非此即彼的思维方式。譬如,世界不是有限的,则必是无限的,两者之中只有一种说法是真的。再如,在我们生活中,也存在旧形而上学这种非此即彼的思维方式,对于一个感性对象,我们常常说它要么存在,要么不存在,除此之外都是鬼话。

黑格尔这样总结了旧形而上学与思辨哲学的差别:

> 知性形而上学的独断论主要在于坚执孤立化的片面的思想规定,反之,玄思哲学的唯心论则具有全体的原则,表明其自身足以统摄抽象的知性规定的片面性。①

知性形而上学认为,灵魂不是有限的,就是无限的;但是思辨哲学则把灵魂既看作有限的,又看作无限的,二者是

---

① 黑格尔:《小逻辑》,贺麟译,商务印书馆,2016,第101页。

灵魂的两个环节。感性对象却是既"存在",又"不存在",因为感性对象是"变化"的。旧形而上学坚持要么"有",要么"无",黑格尔与怀疑论者不一样,怀疑论者会否认两个片面的规定,黑格尔将两个片面的规定即"有"与"无"统一到更高的范畴"变"中,有与无都是变的两个片面环节。

2. 抽象的自由是不自由

旧形而上学总共有四个部分,第一是本体论,第二是灵魂学,第三是宇宙论,第四是神学。这里的旧形而上学,指的是莱布尼茨–沃尔夫哲学体系,将形而上学划成这四个部分是沃尔夫对莱布尼茨哲学的体系化和系统化。以实体、偶性、因果、现象等范畴认识世界的本质,以单纯性、非物质性等范畴认识灵魂,以必然与自由、连续性等范畴认识世界,从知性中去证明上帝。

可是,在黑格尔看来,这些规定是偶然地列举出来的,这些命题的正确根据就只能寻求经验的完备性或者符合语言习惯,并不具有自在自为的真理性和必然性。

普通人也不免具有这种旧形而上学式的思考,比如提问说"世界是必然的,还是自由的",这种提问方式本身可能就是错误的。因为这种提问方式已经假定自由与必然的对立,但是自由真的不具有必然性吗?黑格尔认为内在的必然性就是自由,自由也包含必然。

> 这种不包含必然性的自由，或者一种没有自由的单纯必然性，只是一些抽象而不真实的观点。自由本质上是具体的，它永远自己决定自己，因此同时又是必然的。①

学习自由，并不是茫然翻书，杂乱无章；健身自由，并不是在健身房漫无目的地手舞足蹈，无所遵循；政治自由，并不是无秩序与混乱。事实上，没有片面的、抽象的自由，片面的、抽象的自由是不自由，反而是受偶然性、主观性支配的强制。真正的自由是具有必然性的，"从心所欲而不逾矩"。

3. 精神沉浸在全身内为灵魂

科学发达后，没有人以灵魂为研究对象了，因为科学发现灵魂并没有像宗教宣称的那样神秘，甚至否认了灵魂的存在，但是精神仍然是现代科学的对象。科学对灵魂的否认，在于把灵魂看作一个"物"，一个当前存在的、感官能够表象的东西，但是这样的"灵魂之物"显然是不存在的，这种理解的错误在于知性地理解灵魂。灵魂不是物，灵魂也是一种精神，当精神完全内化到肉体之中时便是灵魂，只有抽象力才能把握到灵魂。精神既内在于肉体，通过外在性表现出

---

① 黑格尔：《小逻辑》，贺麟译，商务印书馆，2016，第105页。

来，内在性与外在性并不能分开，我们不能剖开肉体去认识人的精神，应当从一个人的肉体表现中认识精神。譬如，如果你能够通过一个人的走路姿态——即使看不清他的脸庞——迅速判断两百米外的路人是谁，那只能说明你很熟悉他的灵魂，每一个人的神态和走姿都是灵魂的外在表现。

关于上帝，宗教徒给上帝的一些规定，比如全知、全能、全善，但是这些形容词并不足以表达上帝的本性，还有人说，只能用"存在"规定上帝，但是存在没有任何规定，纯粹的光明等于纯粹的黑暗，这实际上否定了上帝。

这一部分的内容是我们最熟悉但又始终停留在抽象理解上的内容，中学的哲学教科书所说的"用孤立的、片面的、抽象的、形而上学的、静止的观点看问题"指的就是黑格尔在《小逻辑》中批判的旧形而上学哲学。黑格尔并没有否认旧形而上学思维在处理有限对象时的恰当性，比如黑格尔说：

> 有限事物彼此有因与果，力与表现的关系，如果用这些规定去表述它们，则就其有限性而言，它们便算被认识了。[①]

黑格尔以及马克思主义者没有反对以孤立的、抽象的、

---

① 黑格尔：《小逻辑》，贺麟译，商务印书馆，2016，第98~99页。

静止的"因与果、力与表现"等范畴去认识有限事物,黑格尔与马克思主义者反对的是以这些抽象的、相互对立的范畴去认识无限的对象,比如黑格尔所说的绝对精神,马克思主义者所说的资本。

纯粹的光明就是纯粹的黑暗

[第37~39节]

他不仅不是最丰富最充实的存在,由于这种抽象的看法,反而成为最贫乏最空虚的东西……因为如果没有规定性,也就不可能有知识。纯粹的光明就是纯粹的黑暗。

——黑格尔:《小逻辑》,第108页

1. 缺乏坚实据点的知性形而上学

黑格尔在思想对客观性的第一态度中论述了知性形而上学。知性形而上学试图通过有限的思维规定去认识一切,不断地把有限的谓词加到对象上,并以抽象的同一性为最高原则。黑格尔说:

> 旧形而上学的主要兴趣,即在于研究刚才所提到的那些谓词是否应用来加给它们的对象。①

---

① 黑格尔:《小逻辑》,贺麟译,商务印书馆,2016,第98页。

这种认识方法在黑格尔看来存在诸多缺陷，比如没有具体的内容，也没有坚实的据点。之所以说知性形而上学没有具体的内容，因为它只有抽象的概念的规定，比如重力与引力、坚硬的与柔软的、白色的与黑色的、单一的与复合的，知性形而上学只能说"一张硬的黑色桌子""灵魂是单一的"，但这不过是抽象的规定，它本身无法进展到特殊的具体的对象。这些规定都太抽象了，永远道不出韵味无穷、丰富多样的对象本身。

> 譬如说，空间是无限的，自然界没有飞跃等等抽象的说法，显然太不能道出自然的充实丰富和生机洋溢之处，因而无法令人满意。①

知性形而上学缺乏一个坚实的据点，并不是知性形而上学不想为它自己的体系找到一个坚实的据点，只不过，在黑格尔看来，知性形而上学"憧憬而未能得到"。知性形而上学把有限的规定加到无限对象之上，每一个规定又依赖于另一个规定，一个前提又依赖于另一个前提，按照同一性原则无限推论下去，知性形而上学最后往往把上帝作为一切事物的绝对无条件的根据，牛顿便认为上帝是宇宙的第一推动

---

① 黑格尔：《小逻辑》，贺麟译，商务印书馆，2016，第111页。

力。但是这些据点是不坚实的,因为上帝又是什么呢?只能以"存在"来规定它,但是"存在"太纯粹了,以至于什么都不是。纯粹的光明就是纯粹的黑暗。

上述知性形而上学的两种缺陷是在与经验主义相对的意义上而言的。哲学趋向于经验主义,源自补救知性形而上学这两种缺陷的需要。经验主义从经验中而不是从思想本身、从此时此地的当前世界而不是从抽象理智的概念,来把握感官能把握到的一切,经验主义者拒绝沉湎于抽象空洞的世界,呼吁欣赏当下的现实世界,并以此时、此地、此物为一切真理的据点,所有的真理都从当前的、外在的、可感觉的世界开始。

2. 物质也是一个抽象物

经验主义以外在世界为真实,把握感官能够把握到的一切,"凡是真的,必定在现实世界中为感官所能感知",感官把握不到的东西,经验主义保持沉默,从这个意义上来说,经验主义是感官世界的真理。对于超感官世界,经验主义或许也承认它的存在,但是并不认为能够对超感官世界形成知识,对于经验主义者来说,超感官世界是启示和信仰的领域。

经验主义只承认外在世界的真实性,这个原则的彻底发挥就是唯物主义,唯物主义认为物质是真实客观的东西,超感官的东西只是物质的正确或者扭曲的表象。物质是一切事物的统一性,物质是相互外在的个体事物的基础。不过在黑格尔看来，物质仅是一个抽象的东西。没有物质这个东西，任何存在着的物质都是特定的、具体的事物，物质本身已经是一个抽象的东西，物质之为物质是无法知觉的。

另外，经验主义认为认识对象是外界给予的材料，在黑格尔看来，这种学说是一种不自由的学说，因为自由的真义是没有外物与我对立。

3. 黑格尔论休谟

黑格尔在这部分中至少两次谈到了经验主义的怀疑主义者休谟。

一处是休谟关于事实与价值的二分法。休谟认为从"是"中不能推出"应该"，经验主义只承认通过感官所感知的知识，拒绝在"是"与"应该"，"事实判断"与"价值判断"之间建立联系。这一点为黑格尔所称道。黑格尔认为哲学"只认识什么是如此，凡是仅是应如此，而非是如此的事物，哲学并不过问"。至于应该如此的知识，这种凭借——应该——原则思考反省的人是头脑最简单的人，试问有谁不能对现实发几句牢骚呢？以应该原则为主导的知识只在主观思想中才有地位，而主观思想在黑格尔的哲学体系中，地位是较低的。

另外一处谈到休谟的地方是古今怀疑主义。黑格尔比较了休谟的怀疑主义与古代怀疑主义的差异。休谟的怀疑主义集中体现在他对因果关系的认识上,休谟认为大多数人都相信一件事物伴随另一件事物而来,二者之间存在因果的联系,比如太阳晒石头,伴随着石头发热,我们自然而然地得出太阳是石头发热的原因。但是休谟指出,我们只能观察一件事物伴随另一事物而来,并不能观察到二者之间的关联,我们观察不到太阳出来与石头发热之间的因果联系,这种联系只是一种归类,是一种心理习惯。黑格尔说:

> 休谟根本上假定经验、感觉、直观为真,进而怀疑普遍的原则和规律,由于他在感觉方面找不到证据。而古代的怀疑论却远没有把感觉直观作为判断真理的准则,反而首先对于感官事物的真实性加以怀疑。①

休谟的怀疑主义怀疑经验与经验之间的普遍规律和原则,并不怀疑经验、感觉、直观的真理性,而古代怀疑主义则怀疑感觉与直观本身。

4. 经验主义也具有形而上学原则

经验主义虽为补救知性形而上学的偏弊而产生,但是与知性形而上学又有共同的地方。知性形而上学与经验主义都

---

① 黑格尔:《小逻辑》,贺麟译,商务印书馆,2016,第116页。

从经验中寻求真理的保证。经验主义把经验当作真理的根据，这一点很好理解。但是，知性形而上学为什么也依赖经验保证真理性呢？这是因为知性形而上学的真理性有两种基本的路径来保证，即经验的完备性与字面分析的正确性，前者发展到极端是可证伪性原理，后者发展到极端是形式逻辑。知性形而上学必须通过经验的适应性、完备性来保持自身的真理，知性形而上学的真理以"找不到黑天鹅"的经验为保证。

另外，从与个别知觉相对的角度来看，经验主义也具有形而上学的原则。

> 经验主义的彻底发挥，只要其内容仅限于有限事物而言，就必须否认一切超感官的事物，至少，必须否认对于超感官事物的知识与说明的可能性，因而只承认思维有形成抽象概念和形式的普遍性或同一性的能力。但科学的经验主义者总难免不陷于一个根本的错觉，他应用物质、力，以及一、多、普遍性、无限性等形而上学范畴，更进而依靠这些范畴的线索向前推论，因此他便不能不假定并应用推论的形式。在这些情形下，他不知道，经验主义中即已包含并运用形而上学的原则了。①

---

① 黑格尔：《小逻辑》，贺麟译，商务印书馆，2016，第112页。

个别的知觉与经验是不一样的，直观也不是经验，经验是将个别的知觉和直观提升为普遍的观念、命题和规律。经验主义者往往声称其研究对象仅限于有限事物，否认一切超感官事物知识的可能性，但是经验主义，比如科学的经验主义在使用力、一与多等概念进行经验认识以及用因果关系进行推论时，已经在不自觉地运用形而上学原则了。

经验主义的经验既然并不是个别的、转瞬即逝的知觉，但是知识又不能停留在知觉的阶段，知识必将去寻找普遍性和永久性的原则，也就是从个别的知觉进展到经验。这个过程是怎么样的呢？经验主义主要是应用分析方法。分析方法是对一个具体对象的分解，如同剥洋葱，不断地对对象进行区分，经验主义的宇宙是分子、原子、质子、量子、粒子的普遍规律，却没有对宇宙的整体认识。这正像歌德所言，"各部分很清楚地摆在他面前，可惜的，就是没有精神的系联"（《浮士德》）。

康德与休谟从同一个地方出发走了相反的道路

[第40~42节]

因为旧形而上学漫不经心地未经思想考验便接受其范畴,把它们当作先在的或先天的前提。而批判哲学正与此相反,其主要课题是考察在什么限度内,思想的形式能够得到关于真理的知识。

——黑格尔:《小逻辑》,第118页

1. 康德与休谟从同一个地方出发走了相反的道路

黑格尔谈到了怀疑论者休谟,紧接着就是对批判哲学的阐释。这并非偶然,批判哲学的诞生在相当程度上可视为康德对怀疑论的回应。在《纯粹理性批判》的序言中,康德将怀疑论比拟为哲学领域内极具破坏性的游牧民族,不仅摧毁了旧形而上学专制与无政府状态的并存,而且动摇了科学经验主义的普遍必然性基础,譬如自然科学中的因果性原理。康德的《纯粹理性批判》即是对人的认识能力的重新考察,捍卫自然科学的形而上学基础。

自然科学的基础是经验,通过经验归纳形成科学知识,但是休谟对经验归纳的真理性进行了抨击,认为这只是基于习惯和联想的主观性与或然性的真理,并不具有普遍必然的效力。康德一方面深信自然科学的真理性,另一方面也同意休谟的经验归纳不能形成普遍必然性原理的判断。在这种情形下,康德为自然科学的客观必然性寻找其他的基础,康德的这项工作主要包括两项内容,第一是区分知识的两种成分,第二是为科学知识划定领域。

因此,黑格尔认为批判哲学的出发点是区分经验的材料和经验的普遍性、必然性,知觉只是个别的东西或者连续发生的事情,并不能构成经验,经验中还包含着普遍性与必然性的成分。到此为止,批判哲学与休谟的怀疑论是一致的。正如黑格尔所言:

> 知识中有普遍性与必然性的成分的事实,就是休谟的怀疑论也并不否认。这一事实即在康德哲学中也仍然一样地被认为是前提。用科学上的普遍的话来说,康德只不过是对于同一的事实加以不同的解释罢了。[①]

与休谟不同的是,康德走了一条相反的道路,休谟怀疑普遍必然性原理的真理性,康德认为恰恰是普遍性与必然性

---

① 黑格尔:《小逻辑》,贺麟译,商务印书馆,2016,第117页。

成分构成了经验的真理性。普遍性与必然性成分确实如休谟所言不是从知觉中产生的，而是源自经验中的先天成分。思维的范畴即是人的先天认识形式，它们是客观必然的，也是经验的客观性的保证。

这就引出了另外一个问题：人的先天认识为什么具有客观性和普遍性？康德将知识分为分析判断和综合判断，一切分析判断都是先天判断，先天判断是不依赖于经验的，因为分析判断不超出主词本来的范围，它的普遍必然性不需要经验的证明。

2. 客观性的三种意义

自由的思想就是不接受任何未经考察其前提的思想，在此意义上，旧形而上学不是自由的思想，旧形而上学在其辖域内是专制的，旧形而上学（尤指莱布尼茨－沃尔夫哲学体系）不预先批判理性的认识能力就断言理性的概念或原理即是客观实在之物本身的规定。批判哲学正好与此相反，康德哲学主要在于指出思维应该考察自己认识能力的限度。

但是，在黑格尔看来，康德哲学没有考察思想范畴本身的内容及其相互的关系，没有考察范畴或思维规定之间的转化，康德只是从这样一个问题去考察它们：它们是主观的或者客观的？如前所述，康德区分了经验中的两种成分，个别的知觉和普遍性、必然性关联。康德不断地区分哪些是属于感性的杂多，哪些是思想范畴中的先天成分（普遍性与必然性关联），先天成分属于客观的，感性杂多属于主观的。康德实际上颠倒了我们日常语言的习惯，我们往往认为存在于我们之外的事物并且给我们提供知觉的材料是客观的，而思维范畴是主观的，但是康德认为在我们之外的知觉是主观的，而思维范畴由于具有普遍性和必然性因而是客观的。

黑格尔同意康德的看法，感官所感知之物是不能独立存在的、附属的、稍纵即逝的，而思想才是独立自存的、永久的。受到高等教育的群体已经习惯了对主观与客观的颠倒，我们常说艺术评判应力求客观，而不应该陷于主观，这就是说，我们对于艺术的品评不该从一时的偏好或特殊的感知出发，而应该从艺术的普遍性和美的本质着眼。

如此，正如黑格尔所言，康德实际上把主观性的范围扩大了，因为先天成分在康德哲学中也是主观活动。康德将先天成分（思维范畴）视为主观活动，其意图在于将科学知识的范围限制在现象领域内，现象知识与物自体之间存在一条无法逾越的鸿沟。黑格尔试图进一步推进康德的观点，他把先天成分的思想范畴不仅看作主观活动，而且当作事物自身。

根据上面的讨论，我们可知客观性实际上具有三种意义：第一种是指外在事物的意义，即日常用语或唯物主义意义上的客观性；第二种是康德所确认的意义，指的是普遍性与必然性，有别于偶然与特殊的感觉；第三种是指思想所把握的事物自身，有别于只是主观的思想。

3. 黑格尔为什么说康德哲学是主观唯心论

经验知识分为感性的杂多与先天的形式，感性的材料不仅是杂多的，而且是相互外在的、相互排斥的，譬如红与黄和蓝相对立才得以存在，现在与过去和未来相区别才有意义。所有一切表象都是杂多的东西。那么，先天的形式（范畴）又如何与感性材料进行联结的呢？康德认为联结的根据在于自我意识的综合统一能力（纯粹统觉），感性杂多的东西也处在自我意识之中。

对于康德这里所说的自我意识的综合统一能力，黑格尔说，"自我俨如一洪炉，一烈火，吞并消融一切散漫杂多的感性材料，把它们归结为统一体"。自我意识和统觉意味着"我"伴随着一切表象，一切现象都伴随着意识，不再有纯粹的感性材料，就连知觉的一个必要成分都是有想象力的。纯粹统觉即是自我化外物的能动性，自我意识拥有使感觉的杂多性得到绝对统一的力量。马克思说唯心主义把人的能动方面发展了，此为例证。

但是黑格尔将康德的哲学又推进了一步。黑格尔说，一块糖是硬的、白的和甜的，这种统一是在对象里；太阳晒和石头发热等两个依时间顺序相联接的个别事实，一个为因，一个为果。前面的统一性范畴，后面的因果范畴，两个范畴虽然都是思维的功能，但也是客观对象本身的规定，而康德则认为这些范畴仅是我们主观的东西，而不是对象的。在这个意义上，黑格尔说，康德的哲学是主观唯心论。

有限事物的命运不在它们自身内

[第 43~45 节]

事实上,真正的关系是这样的:我们直接认识的事物并不只是就我们来说是现象,而且即就其本身而言,也只是现象。而且这些有限事物自己特有的命运、它们存在的根据不是在它们自己本身内,而是在一个普遍神圣的理念里。

——黑格尔:《小逻辑》,第 128 页

1. "思维无内容是空的,直观无概念是盲的"

在康德《纯粹理性批判》中,先验逻辑分为两个部分,第一部分是先验分析论,第二部分是先验辩证论。第一部分告诉我们知性知识是如何具有普遍必然性的,即自然科学是如何可能的;第二部分告诉我们理性知识如何陷入谬误之中,即康德对先验幻相的批判。范畴是知性知识客观性的先验来源,康德对范畴的使用划定了界限,人类无法凭借范畴认识物自体。

康德认为,知识有两个来源,一个感受表象的能力,这是接受性的,另一个是认识对象的能力,这是自发性的。直观是感官的接受性，是对象给予我们的刺激；知性是主动的，是认识的自发性。但是感性（直观）与知性（概念）并无优劣之分，"思维无内容是空的，直观无概念是盲的"，思维不能直观，感官不能思维，二者对于产生知识缺一不可。而范畴是知性认识经验世界的工具，也是知性知识具有普遍必然性的基础。范畴即纯粹知性概念，范畴是联结纷杂的感性材料的形式和方法，通过范畴，杂多的、单纯的知觉上升为普遍性的、客观性的知识。范畴与直观，前者为知性知识提供可靠性，后者为知性知识提供实在性，但都是认识论意义上的存在。

范畴只有在经验之内才有效，换言之，范畴是空的。因为范畴本身不具有实在性，在感官中不可见，也不在时空之中存在。在黑格尔看来，这并不是范畴的缺陷，反而是范畴的优点，不是感官可见、不在时空中的内容正是思想性的内容。我们说一本小说具有思想性、内容丰富，难道是指这本小说堆积了无数杂碎的事实和情节吗？小说的内容丰富是说它具有很多普遍性的道理，而这些普遍性的道理和思想首先就是范畴。

另外，范畴是空的，在康德哲学中具有消极的意义，但在黑格尔的哲学体系里却具有独特的意义。黑格尔认为，这意味着范畴以及范畴的总体（逻辑的理念）必须进展到自然和精神的真实领域中去。

但是这种进展不可认为是逻辑的理念借此从外

面获得一种异己的内容，而应是逻辑理念出于自身的主动，进一步规定并展开其自身为自然和精神。①

范畴与感性杂多的结合，康德哲学与黑格尔哲学都是承认的，被后世称为"唯心主义者"的康德与黑格尔一致肯定范畴的普遍性和客观性。但在康德哲学和黑格尔哲学当中，范畴与感性杂多的结合具有不同的意义，在康德那里是消极的意义，证明了范畴本身是空的；在黑格尔这里是积极的意义，范畴自身是主动的，它必须进一步规定自己，展开其自身为自然和精神。

2. "再也没有比物自体更容易知道的东西"

在康德看来，知性范畴是形成客观知识的必要条件，但并不是充分条件，范畴本身是无内容的先天形式，只有在经验的范围内才有效，只能经验性地运用知性范畴。无论是数学原理，还是力学原理，无论它们是多么先天可能的，却还是与经验性的直观相关。两点之间，只能有一条直线，如果这条数学原理不能在现象上摆明其含义，那么，它就什么意义也没有。知性范畴永远不能先验地运用，不能运用于现象之外的物自体，因为物自体不能通过一种经验直观的方式显现出来，物

---

① 黑格尔：《小逻辑》，贺麟译，商务印书馆，2016，第125页。

自体作为现象之外的存在只能是先验的。知性是不能认识物自体的。

什么是物自体？我们常常说物自体不可知，黑格尔认为，"其实，再也没有比物自体更容易知道的东西"①。物自体不过是空虚的同一性，从一个对象中抽出它对意识的一切联系、一切感觉印象以及一切特定的思想就得到了物自体的概念。物自体是一个否定了表象、感觉和特定思维的彼岸世界，表示一种抽象的对象。黑格尔说：

> 从一个对象抽出它对意识的一切联系、一切感觉印象，以及一切特定的思想，就得到物自体的概念。很容易看出，这里所剩余的只是一个极端的抽象，完全空虚的东西，只可以认作否定了表象、感觉、特定思维等等的彼岸世界。而且同样简单地可以看到，这里剩余的渣滓或僵尸，仍不过只是思维的产物，只是空虚的自我或不断趋向纯粹抽象思维的产物。②

康德自己也认为物自体是一个消极的概念，不是一个积极的概念，不是关于任何一物的确定知识，这个对象抽掉了

---

① 黑格尔:《小逻辑》，贺麟译，商务印书馆，2016，第126页。
② 黑格尔:《小逻辑》，贺麟译，商务印书馆，2016，第126页。

感性直观的一切形式。黑格尔的发挥在于把物自体看作空虚的同一性，因为黑格尔认为这种抽调了感性直观一切形式的物自体只有在抽象的头脑中才会产生，这只是抽象思维的产物。

3. 有限事物的命运不在它们自身内

知性与理性是不同的，知性以有限的和有条件的事物为对象，而理性以无限的和无条件的事物为对象。区分知性与理性是康德的贡献，当我们在思考康德之后的哲学家（费希特、黑格尔、马克思等人）的理论时，理性往往指的是狭义的理性，与知性相对立，即以无限的东西为对象的认识，而不是与信仰相对立的广义的理性。那么什么是无限的和无条件的呢？无条件的和无限的是自我同一性，也就是完全没有规定的同一性，因为一旦有了规定就是有条件的了。理性的对象在康德看来是经验知识所不能把握的，因为经验总是要涉及特定的内容。

一方面，黑格尔承认康德哲学的重大成果，即指出了基于经验知性知识的有限性，经验知识的对象是单纯的现象。我们总认为对象是互相联系、互相影响的，但是，如果对象是单纯的现象，则意味着对象存在的根据不在它们本身，而在另外的事物。康德认为对象存在的根据是"我思"，对象是我们主观设定的，"直观无概念为盲"，黑格尔说，康德的理论在这个意义上是主观的唯心论。绝对的唯心论则认为不仅我们直接认识的对象是现象，而且就其自身来说，也是现象。有限事物的命运和存在根据不在它们自身内，而在一个普遍的神圣理念里。如果用拉康的哲学话语来说，那便是每个人生存的根基不在于自身，而在于大他者。这既是哲学的特有财产，也是一切宗教意识的基础，宗教徒认为我们当前的世界是上帝意志的显现。

另一方面，黑格尔指责康德停留在这种否定的成果里，否认了知性认识无限对象的可能性，以及仅仅将无限对象划归实践理性的应当领域之中，这表明了黑格尔对康德"给知识划定界限，为信仰留下地盘"的做法不满。而且，在黑格尔看来，康德把理性的对象归结为纯粹抽象的、排斥任何区别的自我同一性，这实际上误解了无限性。

> 如果只认理性为知性中有限的或有条件的事物的超越，则这种无限事实上将会降低其自身为一种有限的或有条件的事物，因为真正的无限并不仅仅是超越有限，而且包含有限并扬弃有限于自身内。[①]

无限如果是有限的对立面，那么这种无限就被有限限制

---

① 黑格尔:《小逻辑》，贺麟译，商务印书馆，2016，第127页。

了，实际上依旧是有限。真正的无限并不是脱离有限，而是包含有限并扬弃有限于自身内。黑格尔的这种看法与中国哲学不谋而合，中国哲学讲究"极高明而道中庸"，真正的圣人没有一个是远离人间烟火的，隐遁深林往往都是修道未成的表现。人永远受他所否定之物的限制，一心执着于远离世俗，世俗之心却时时刻刻影响着他。当然，这也并不是说满街的众人都是圣人，得道还必须从尘世中升华自己的生命。

一切现实之物都包含有相反的规定于自身

[第 46~52 页]

理性矛盾的真正积极的意义,在于认识到一切现实之物都包含有相反的规定于自身。

——黑格尔:《小逻辑》,第 133 页

1. 追求形上之物是人类的天性

最早区分知性与理性的是康德。阅读德国古典哲学著作,知性与理性的区分不可不注意:知性以经验的、有条件的东西为对象,理性以无条件的东西为对象;知性的逻辑形式是判断,理性的逻辑形式是推论;知性不能达到关于全体、总体的知识,理性试图在知性的有条件的知识那里寻找无条件的东西,即有条件东西的最终根据。理性与知性不同,知性只根据经验说话,"一分证据说一分话",超出经验范围的对象,知性承认自己无能为力,保持沉默。理性却试图扩大人类的认识范围,理性超出经验是它的天性,不过,这就可能产生一些没有根据的、空洞的思辨。康德在《纯粹理性批判》第一版序言中说:

> 人类理性在其知识的某个门类里有一种特殊的命运，就是：它为一些它无法摆脱的问题所困扰；因为这些问题是由理性自身的本性向自己提出来的，但它又不能回答它们；因为这些问题超越了人类理性的一切能力。①

人类的理性有一种本性，那就是要认识没有经验根据的自在之物，追求无影无形的形上之物。黑格尔说，如果像康德那样，仅仅规定物自体存在或者说理性对象存在，却不对物自体和理性对象进行进一步规定，这是不会令我们满足的。理性的本性一定会驱使我们去探究理性对象究竟是什么，去把握无限之物。虽然《纯粹理性批判》的先验辩证论是对理性把握无限对象的批判，但是，在黑格尔看来，这至少给了我们一个讨论理性对象的机会。

在康德之前，哲学家们已经开始了对无限对象的探讨，比如莱布尼茨，他的哲学被康德称为"知性形而上学"，也叫作"旧形而上学"。先验辩证论部分是康德对旧形而上学的批判，也是《纯粹理性批判》最后的部分。在先验辩证论中，康德为理性划定了界限，对理性心理学、理性宇宙论、理性神学进行了批判。

---

① 康德：《纯粹理性批判》，邓晓芒译，杨祖陶校，人民出版社，2004，第一版序第1页。

理性的对象，主要有三个，第一个是灵魂，第二个是世界，第三个是上帝。灵魂是作为思维的主体而成为理性的对象，它是一切思维的绝对的统一，对应着理性心理学。世界是一切现象的综合，作为现象的绝对的统一，对应着理性宇宙论。上帝则是我们能思考的对象之所以可能存在的根据，作为一切存在的根源而成为神学的对象，对应着理性神学。

2. 知性范畴不足以表达灵魂的本质

理性的第一个无条件的对象是灵魂。旧形而上学提出灵魂是实体、灵魂是单纯的、灵魂是一个人格、灵魂与外在于我的实物是有区别的。康德对旧形而上学的灵魂学说进行了批判，康德的批判强调理性对象的不可知，当人类理性企图认识作为自在之物的心灵时，就必然会陷入康德在《纯粹理性批判》中所指出的谬论推理。在康德四组"谬论推理"当中，只有第一个推理——灵魂是实体——在形式逻辑上犯了"四概念"的错误，其他几个推理的错误并不是逻辑推理的错误，而是根植于理性的本性之中，因混淆了先验的与经验的"我思"而产生的。

黑格尔认为康德不过是在重复休谟的观点，即从感觉当中无法把握理性范畴。康德强调，我们一旦去认识自在之物的灵魂，就会陷入谬误推理，但是黑格尔却从知性范畴和理性范畴的区别来论述康德对理性心理学的批判，强调我们没

有权利通过知性范畴认识理性对象,把康德的工作简化为对休谟观点的重述。黑格尔进一步说:

> 康德在攻击旧形而上学时,把这些抽象的谓词从灵魂或精神中扫除净尽,可以看作一个大的成就。至于他所陈述的理由,却是错的。①

黑格尔肯定康德批判哲学的功绩——使灵魂学说从单纯性、复合性、物质性等问题中解放出来了。康德否定这些谓词是为了强调理性无法认识灵魂,灵魂作为一个对象超出了人类的认识范围,黑格尔强调这只是因为旧形而上学用于认识灵魂的范畴太拙劣,这些知性范畴不足以表达灵魂的性质,灵魂的内容远较简单性、不变性等谓词更丰富,这意味着黑格尔肯定我们能够认识灵魂,但是必须用更为丰富的范畴(而不是知性范畴)去认识。

3. 一切现实之物都包含有相反的规定于自身

理性的第二个对象是世界。康德列出了当理性去认识世界将会陷入的四个"二律背反":世界在时空中有开端和边界 VS 世界在时空中都是无限的;世界是由单纯的部分构成

---

① 黑格尔:《小逻辑》,贺麟译,商务印书馆,2016,第131页。

的 VS 世界不是由单纯的部分构成的；世界是自由的 VS 世界处在因果性的必然之中；世界的存在是有原因的 VS 世界的存在是没有原因的。康德从两个相反的命题出发进行论证，但是两个相反的命题都具有同样的必然性。于是康德得出结论，一旦我们去认识世界，就会陷入认识上的矛盾（二律背反），这是一个严重的认识错误，所以理性应该避免把世界当作认识对象。黑格尔说：

> 就康德理性矛盾说在破除知性形而上学的僵硬独断，指引到思维的辩证运动的方向而论，必须看成是哲学知识上一个很重要的推进。但同时也须注意，就是康德在这里仅仅停滞在物自体不可知性的消极结果里，而没有更进一步达到对于理性矛盾有真正积极的意义的知识。理性矛盾的真正积极的意义，在于认识到一切现实之物都包含有相反的规定于自身。①

康德指出了用知性范畴去认识世界必然会引起矛盾，黑格尔将此称为近代哲学界一个最重要的和最深刻的一种进步。康德对这个世界抱有一种温情主义，他认为这个世界不

---

① 黑格尔：《小逻辑》，贺麟译，商务印书馆，2016，第133页。

应该有矛盾的污点，矛盾的不是这个世界，它只是思维的错误，因此康德追求理性的同一性。康德的功绩在于指引哲学走向思维的辩证运动，破除旧形而上学的僵硬独断，但是康德哲学的局限性在于停留在理性对象不可知的消极结果中。黑格尔从康德所指出的理性矛盾出发，得出了一个积极结论：矛盾并不是理性认识无限对象时的思维错误，之所以存在矛盾，是因为一切现实之物都包含有相反的规定于自身。矛盾是任何现实之物的存在方式。

另外，黑格尔认为，矛盾绝不止康德在宇宙论中所列的四种，其实，在一切对象中都可以发现矛盾。矛盾是逻辑思维的辩证环节，哲学思考的本质就是认识对象的矛盾性。

4. 禽兽没有思想，所以没有宗教

理性的第三个对象是上帝，作为一切存在根源的上帝。上帝是否存在？这是理性神学的首要问题。旧形而上学对上帝存在的证明主要有本体论的证明、宇宙论的证明和自然神论的证明。

上帝是必须通过思维去规定的，但是在知性的观点中，一切规定都是一种否定、一种限制，上帝只能以存在来规定了，但是存在是一个绝对抽象的东西，因此，上帝也就成为一个绝对抽象之物了。上帝存在的本体论证明是说世界是一个幻灭的现象的东西，世界虽然存在，但并非真实存在，真实存在的是现象之外的上帝，上帝才是真实的存在。宇宙论的证明是说世界有一个目的，这个目的就是上帝的目的，或者说，世界有一个原因，第一因是上帝。自然神论的证明将世界与上帝合二为一。

对于上帝存在的证明意味着人是有思想的，人不愿意停留在经验的世界之中，思维要超出感官世界，由有限提高到无限，打碎感官事物的锁链而向超感官世界飞跃，这是思维自身的活动，如果没有这种过渡和提高的过程，那就没有思想。禽兽没有思想，也便没有这种提高的过程，只停留在感官世界和直观阶段，因此它们没有宗教。宗物是人类精神发展的重要阶段。

功利主义可能为一切情欲和任性打开方便之门

[第 53~60 节]

所谓快乐是指人的特殊嗜好、愿望、需要等等的满足而言。这样就把偶然的特殊的东西提高到意志所须追求实现的原则。对于这本身缺乏坚实据点为一切情欲和任性大开方便之门的快乐主义,康德提出实践理性去加以反对,并指出一个人人都应该遵守的有普遍性的意志原则的需要。

——黑格尔:《小逻辑》,第 144 页

1. 功利主义为一切情欲和任性打开方便之门

康德在《纯粹理性批判》中否认了对自由、上帝和灵魂等理性对象认识的可能性,限定了理论理性的认识范围,以此为道德和信仰留下地盘。自由在实践理性中是不证自明的前提,实践理性如人的意志、道德,都是以自由为前提的。没有自由,则谈不上道德;没有自由,则人的意志与动物的意志无差了,不再具有对象化的能力了。自由是实践理性中的先验设定,它虽然不可认识,但是一切实践的根本基础,它可以通过实践表现出来,这种自由可以通过自我意识的现象得到证明。

实践理性的自由是根据普遍原则自己决定自己的意志，而实践理性的任务在于建立命令性的、客观的自由法则。康德在《实践理性批判》中提出了四条实践理性的法则，第一条是不能把现实的欲望当作意志的动机，第二条是不能把幸福当作实践理性的法则，第三条是你所订立的意志的准则能够同时作为一条普遍立法的原则，第四条是你的意志准则是自己给自己立法所制定的。

黑格尔认为，康德的这四条法则其实什么内容都没有，只具有形式主义的观点，没有对实践理性内容的规定，这四条法则归根结底不过是说"于自己决定时不得有矛盾"，也就是说，只要不违反理智的抽象同一性就可以了。黑格尔说：

> 实践理性自己立法所依据的规律，或自己决定所遵循的标准，除了同样的理智的抽象同一性，即："于自己决定时不得有矛盾"一原则以外，没有别的了。因此康德的实践理性并未超出那理论理性的最后观点——形式主义。①

同时，黑格尔也充分肯定康德实践理性批判的功绩，并且指出只有回到功利主义、快乐主义在当时盛行的历史语境

---

① 黑格尔:《小逻辑》，贺麟译，商务印书馆，2016，第143页。

中才能客观认识康德哲学的地位。当时的穆勒、边沁等功利主义哲学家把幸福、功利等作为实践的原则,这种哲学的后果,如黑格尔所言,可能为一切情欲和任性开方便之门。康德认为不能把个别的欲望当作意志的目的,提出人人所遵守的有普遍性的原则。这个普遍性的原则即是人类在道德、政治等实践领域自己为自己立法,依据自己订立的普遍原则自己决定自己,并且将其在行为中实现出来,这便是实践领域中的自由。黑格尔对《实践理性批判》的讨论是简略的,突出康德的实践理性是形式主义的观点,于功利主义有所进步。

2. 审美领域中思想与感觉表象的具体统一

《判断力批判》包括两个部分,审美判断力与目的论判断力批判。判断是连接个别与一般、特殊与普遍的命题方式,判断可区分为规定性判断与反思性判断。规定性判断,先有一个确定的概念,寻求对个体的判定。先有对"红色的"规定,再观察眼前的花是否具有该属性,最后决定下"这朵花是红色的"判断。反思性判断,从个体或特殊出发,寻求一个普遍的概念,但是这个普遍的概念不是确定的。"这朵花是美的",该判断并不是将一个固定的"美"的概念当作花的属性来判断,美并不是花的属性,而是概念的"类似物"。审美判断即是反思性判断,这种反思性判断遵循的是一种直观的理智原则,在特殊的、个别的感性对象中直观发现普遍的理念，比如美，我们是在感性的花中发现了美，我们对美有了感性的直观。因此，黑格尔说：

> 康德的《判断力批判》的特色，在于说出了什么是理念的性质，使我们对理念有了表象，甚至有了思想。①

在《纯粹理性批判》中，物自体是不可认识的，不能作为表象显现出来；在《实践理性批判》中，物自体也不具备直观形式。只有在审美领域，物自体才能作为感性直观显现出来，但不是向"知识"，也不是向"意志"显现，而是向美的鉴赏者显现。在审美领域中，审美对象不仅是感性直观的现象，也有物自身。黑格尔认为这是思想与感觉表象的具体统一。

现代人常抱怨理智的抽象，"理论是灰色的，生命之树常青"，理论的灰色在于抽象概念与感觉之间的割裂、理想与实在的割裂。如何能够摆脱这种割裂呢？黑格尔认为具体的理念是对这种割裂的克服：

> 反而在有机组织和艺术美的当前现实里，感官和直观却能看见理想的现实。所以康德对于这些对

---

① 黑格尔:《小逻辑》，贺麟译，商务印书馆，2016，第144页。

象的反思，最适宜引导人的意识去把握并思考那具体的理念。①

很多思想家（如席勒）认为在审美领域中能够摆脱割裂，达到普遍性的概念与感性的对象之间的统一，因为在艺术品中，感性的制作材料为普遍的理念所规定，"特殊是被普遍本身所规定的"②，普遍性不再是脱离感性的抽象，概念与实在不再割裂，达到了具体的理念，即特殊与普遍的统一。除了审美，有机自然物当中也可以发现具体，即在特殊物当中发现普遍的理念。

3. 目的被康德解释为仅属于我们知性的品评原则

普遍与特殊的统一，前面已经说了，在审美领域中可以发现这种统一，其实，除了在审美领域之外，在有机物中也能发现普遍与特殊的结合，发现具体的理念，而不是抽象的理念。在自然有机物中，在有生命的个体中，普遍与特殊的结合是手段与目的的结合，这是《判断力批判》的第二部分"目的论批判"的内容。

康德区分了内在目的与外在目的。外在目的是说一个东西是另一个东西的目的，比如饭碗的目的是让人吃饭，当目

---

① 黑格尔:《小逻辑》，贺麟译，商务印书馆，2016，第145页。
② 黑格尔:《小逻辑》，贺麟译，商务印书馆，2016，第144页。

的达到时,这个东西就被搁置在一旁;内在目的是说一个东西与另一个东西互为目的、互为手段,比如树叶与树根,互相滋养对方,二者融为一个整体,相互之间须臾不可离。黑格尔说:

> 因为在有限目的里,目的仅是所欲借以实现其自身的工具和材料的外在形式。反之,在有机体中,目的乃是其材料的内在规定和推动,而且有机体的各个环节都是彼此互为手段,互为目的。①

自然界有没有目的?巧夺天工的大自然奇观仿佛显示着自然界的"造化",冥冥之中自有一种有目的的"安排"。但是康德认为目的并不是自然事物的客观属性,自然界是按照因果联系构造起来的,这种目的仅仅是人类面对复杂世界的一种无奈之举。目的被看成一种主观性的东西,黑格尔说,在康德那里,目的仅被解释为我们知性的品评原则。② 黑格尔不满康德将目的限定在主观范围内,要将其发挥扩充到其他一切领域,包括自然科学领域。如果目的不受限制,那么一切主观与客观的对立、普遍与个体的对立都将变得不坚固,因为它们都将处在一个最后的目的(上帝、绝对真理)之中。

---

① 黑格尔:《小逻辑》,贺麟译,商务印书馆,2016,第146页。
② 黑格尔:《小逻辑》,贺麟译,商务印书馆,2016,第146页。

生命具有感受痛苦的优先权利

[第60~62节]

有生命的事物可以说是有一种感受痛苦的优先权利,而为无生命的东西所没有的,甚至在有生命的事物里,每一个别的规定性都可变成一种否定的感觉。因为凡属有生命的存在都普遍地具有一种生命力,促使它超出其个别性,并包含其个别性在自身内。

——黑格尔:《小逻辑》,第148~149页

1. 康德哲学的"理念"只具有主观确定性

康德在道德律中主张道德只能以自身为目的,而不能以幸福为目的,但是作为最高的、最后目的的"善"是包含着道德与幸福的。康德为了实现道德与幸福的统一,在实践理性中提出了人有自由意志这一根本的悬设后,又提出了两大悬设,第一是灵魂不死,第二是上帝存在,康德从道德意识中推出了属于道德领域的宗教信仰。现实世界中,"好人没好报,坏人乐逍遥"的现象屡见不鲜,那么我们什么还要做一个有道德的人呢?道德与幸福如何统一?康德认为现世中好人没有好报,但是如果灵魂是不死的、正义的上帝是存在

的，由上帝做出审判，好人有待于来生或者在彼岸世界得到回报，由此实现道德与幸福的统一。

这三大悬设涉及自由、灵魂与上帝，都是理性的对象，但是康德仅将其视为实践领域内的对象，亦即道德和信仰领域中的道德律，变成一种主观的义务观念。现实世界与真善美的和谐统一仅仅是我们内在的观念。黑格尔说：

> 因此这种和谐只被认作主观的东西，——一种只是应该存在，亦即同时并无实在性的东西，或只被认作一种信仰，只具有主观的确定性，但没有真实性。[①]

康德所言的作为世界最后目的的"善"所实现的道德与幸福、理念与感性世界的统一仅限于道德领域，是一种主观的东西。正因为此，康德的实践哲学在黑格尔看来是软弱无力的，仅仅停留在"应当"范围之内。

这种统一仅仅具有主观的确定性，只能被看成一种信仰，并没有客观实在性，面对这种矛盾，康德将这种统一的时间推迟到了将来，即通过来世、彼岸等将来实现道德与幸福的统一。不过，在黑格尔看来，将这种统一或者理念

---

① 黑格尔：《小逻辑》，贺麟译，商务印书馆，2016，第147~148页。

（善）的实现放在将来，仅仅是矛盾的无穷重演，并没有解决矛盾本身。

> 恐怕正是解除矛盾的反面，而且知性用来表示时间的表象，一种无穷的延长，也不过老是这种矛盾之无穷的重演而已。①

将现在的矛盾之解决放在将来，将来也不过是重复现在的矛盾而已。

2. 生命具有感受痛苦的优先权利

康德给人类知识做出了限制，人的认识只能认识现象，不能够认识物自体。但是一旦认识到自己的限制或缺陷，我们便超出了我们的限制或缺陷。我们说自然存在物是有限的存在物，这只是之于超出自然限制的人类而言，自然存在物才是有限的，自然事物自身并不知其有限，相反，超出有限的人类知道我们自己是有限的。康德提出人类的认识是有限制的，这正是以对无限的认识为前提的，如果无限的东西不在我们的意识中，我们怎么能知道限制呢？一言以蔽之，康德将认识视为有限的，必定有一个普遍的、无限的理念与其

---

① 黑格尔：《小逻辑》，贺麟译，商务印书馆，2016，第148页。

相比较，有限恰恰证明了无限的真实存在。

　　认识的这种有限与无限的矛盾，正如生命中的矛盾，生命不断超出个别性，但又保持个别性在其中，否定其自身又保持其自身，生命本身处在矛盾的历程之中，如果没有否定就没有生命本身的存在。黑格尔说，有生命的事物可以说有一种感受痛苦的优先权利。[①] 痛苦即是否定，生命本身是痛苦的，当你感受不到痛苦时，你已麻木不仁，不再具有鲜活的生命了。没有生命的事物如一潭死水，没有对自己的否定，自然也就没有生命力，等待它的只能是宁静的死亡。

　　康德认为知性范畴是有限的，在知性范围内达不到真理，黑格尔认为这是康德哲学的功绩，在知性范围内确实达不到真理。但是黑格尔又说，康德的功绩是消极的功绩，即他认为知性之所以达到对真理的认识，是因为知性范畴仅仅属于我们的主观思维，但黑格尔认为这是不对的，知性之所以达不到对真理的认识，不是由于知性范畴属于我们的主观思维，而是知性范畴本身是有限的。换言之，黑格尔认同康德的结论，但是不认同给出该结论的理由。这不是无关紧要的，黑格尔对康德的批判也正是在于此，通过辩证逻辑代替知性范畴，否定知性不能认识真理，但是肯定了理性能够认

---

① 黑格尔：《小逻辑》，贺麟译，商务印书馆，2016，第148页。

识真理，以达到对真理的认识，这就是为什么黑格尔总是指责康德止步不前、停留于对知性的消极否定之中。

3. 用望远镜搜遍了天宇，但没有寻找到上帝

康德认为知性思维无法把握真理，理性对象不可作为知识的对象，仅仅可成为道德实践领域中的信仰。雅柯比（也译作耶柯比、耶可比）在这一基础上，另辟蹊径，干脆就认为思维或知识本身是有限的，将知性思维等同于思维，由此，思维或知识变成特殊的、有限的、有所依赖的。

确实，如果知识都是有限的，一个前提依赖另一个前提，每一有限之物彼此互为条件，这样的知识又如何能够认识无限的对象呢？不可能的。如果以有条件的、有中介的范畴去认识无限的上帝，这反而把真理歪曲了。

有科学家曾感叹自己用望远镜搜遍了天宇，但没有寻找到上帝。上帝岂是用望远镜能够看见的？如果一个人通过望远镜看见了上帝，或者用物理公式计算出了上帝，这样的上帝肯定就不是上帝了。黑格尔说：

> 当然，在这种有限事物的基础上，人们是无法寻找到内在于其中的无限者的。诚有如拉朗德所说，他曾[用望远镜]搜遍了整个天宇，但没有寻

找到上帝。①

因此雅柯比主张上帝不是知识所能表达的，只有通过信仰或直接知识才能理解上帝。

---

① 黑格尔:《小逻辑》，贺麟译，商务印书馆，2016，第154页。

灵感是长年累月教化之结果

[第63~67节]

数学家，正如每一个对于某一门科学有训练的人那样，对于许多问题得到直接当下的解答，然而他得出这些解答是经过很复杂的分析达到的。

——黑格尔：《小逻辑》，第160页

1. 对于我们所确信的，我们必定有所知

直接知识说在康德批判哲学的前提下——知性思维无法认识无限的对象——否认了通过思维认识无限对象的可能性。任何否定都可能通向对其他的肯定，直接知识说否认了间接知识乃至思维，但是肯定了直接知识和信仰能够领悟无限。

雅柯比认为人之所以为人，在于人具有理解上帝的理性，这种理性不是间接的知识，因为间接的知识是有限的，所以人之为人的理性是信仰，是直接知识。黑格尔指出，雅柯比的观点充满了矛盾。首先，信仰与知识，在雅柯比那里是对立的，但是他却又把信仰归结为直接知识，直接知识难

道不是知识吗？若直接知识是一种知识，则信仰便也是知识。其次，信仰与知识的对立本身是站不住脚的，因为对于我们所确信的东西，我们必定在意识中有所知。最后，雅柯比将思维与直观视为对立的，但是理智的直观只能是思维的直观，对上帝直观的本身具有普遍性的内容，理智直观的上帝只能是思维的对象。因此，信仰与直观其实并不是与思维相对立的，在较高的领域，在对上帝的信仰以及理智直观中，信仰与直观很难说与思维有什么不同。因此，虽然雅柯比否定思维与间接知识，但是他所攻击的却也正是他自己的东西。

雅柯比主张通过信仰理解无限，在彼时彼地的氛围下，时人一下子就认为雅柯比所说的信仰是基督教的信仰，也会认为雅柯比是通过信仰捍卫基督教，值得称赞。但是黑格尔说，直接知识说的信仰与基督教的信仰是不同的。基督教的信仰包括教会的权威，而雅柯比所说的信仰仅以内心的启示为权威；基督教是内容丰富、具有教义的知识体系，但是雅柯比所说的信仰则排斥知识，这种信仰是空洞无物的。

> 而耶柯比这种信仰本身却并无确定的内容，既可接受基督教的信仰作为内容，又可容许任何内容掺入，甚至可以包括相信达赖喇嘛，猿猴，或牡牛为上帝的信仰于其内。这样一来，他所谓的信仰便

只限制于以单纯空泛的神、最高存在为内容了。[①]

在基督教环境下，我们可能自然而然地将基督教视为我们直接的信仰，但是在其他环境下，喇嘛、猪、牛等也可以成为信仰的对象，只要这种信仰是来自所谓的内心的启示或者灵感。启示、灵感、天赋实际上也可以说是常识、普通意见、正常思维等，只要这个对象是直接呈现在意识之中，而根本不必管信仰的内容是什么。这就是为什么说雅柯比的信仰实际上空无内容。

2. 雅柯比的言论是笛卡尔原则之多余的重述

雅柯比的哲学在当时的思想家看来是一种欣慰，因为他确认了我们知道的东西是存在的，我们观念中存在的上帝、永恒与无限也是存在的。黑格尔认为哲学的职责在于揭示思维与存在的统一，雅柯比恰恰确立了上帝的思想与上帝的存在、客观性与思维的主观之间不可分离的原则，那么黑格尔为什么还要批判雅柯比呢？原因在于雅柯比采取了一种反对哲学思考——思维——的方式。

另外，黑格尔说，虽然雅柯比揭示了思维与存在的统一，但是这项工作早就被笛卡尔做了，雅柯比的言论不过是

---

① 黑格尔:《小逻辑》，贺麟译，商务印书馆，2016，第156页。

笛卡尔原则之多余的重述。笛卡尔说"我思故我在",这句话即是通过直接自明的方式说出来的,这句话并不是一个三段论,而是直接推论出来的,因为三段论必须要有一个中项,但是这句话中是没有中项的。如果这句话要成为一个三段论,还应该加一个大前提,即"反能思者都在或者都存在",不过这又必须从我思与我在的统一中得出这个大前提。"我思故我在",笛卡尔实际上表达了我的思想与我的存在不可分离的原则,这种不可分离的原则直接呈现在意识的简单直观里。雅柯比的言论正是对笛卡尔原则的重述。

3. 直接的观念也只能是反复思索和长时间生活的产物

雅柯比认为间接的知识不能把握到真理,这一点黑格尔是认同的,但是雅柯比说唯有直接的、没有任何中介的知识方能把握真理,这一点黑格尔是反对的。黑格尔说,直接与间接并不是对立的,直接知识说自诩已经超越了有限的范畴,但实际上尚未达到。

数学家对于许多问题能够进行直接当下的解答,艺术家面对一件艺术作品会产生直接的感触,但这种直接当下的解答与直接的感触却是极其复杂和高度中介化的考察的结果。

> 每一个有学问的人,大都具有普遍的观点和基

本的原则直接呈现在他的意识里，然而这些直接的观点和原则，也只能是反复思索和长时间生活经验的产物。①

问题的答案、艺术的感受和灵感似乎是突如其来地出现在你的意识里，但这不过是你多年来反复思索、遍览群书后的一个结果。没有中介，它们是不可能直接呈现在你的意识中的。直接知识实际上就是间接知识的产物和结果。黑格尔直接站在柏林的大学里讲课，这本身就是经历了一个中介过程的结果，黑格尔经过一段旅程才直接站在观众面前。中国的禅宗讲究"顿悟"，没有经年累月的修行以及佛教数千年来在中国的传播，信徒个人"直指人心，见性成佛"的顿悟是不可能的。

先天观念、天赋观念、本能、常识以及自然的理性，这些自发的原始的理性并不是直接呈现在人们的头脑中，总需要经过教化、经过发展，才能够达到自觉。一些人在面对理性对宗教的攻击时手足无措，慌乱之中辩称上帝无法通过理性来证明，但是我们的内心中却可以直接地感受到上帝。对于一些虔诚的教徒来说，他们确实可以无需理性的依据而在心灵中直接领会上帝，上帝对他们来说仿佛是一种先天观

---

① 黑格尔:《小逻辑》,贺麟译,商务印书馆,2016,第160页。

念。但是这种先天观念，这种在一些人的心灵中直接呈现的上帝却是几千年的西方文明教化的结果，并不是先天的。就算这些观念是先天的，如果你持柏拉图的"回忆说"的话，我们也要承认，这些先天观念也必须经过教化和生活的中介，才能够由潜在的变为现实的。

浪漫主义放纵于任意想象的狂妄之中

[第 68~78 节]

既然真理的标准、不是内容的本性,而是意识的事实,那么凡被宣称为真理的,除了主观的知识或确信,除了我在我的意识内发现的某种内容外,就没有别的基础了。这样一来,凡我在我的意识内发现的东西,便扩大成为在人人意识内发现的东西,甚至被说成是意识自身的本性。

——黑格尔:《小逻辑》,第 165 页

1. 直接的真理是精神自身劳作的结果

在 13、14 世纪,当正统的经院哲学家忙于通过亚里士多德的范畴与形式逻辑来论证上帝的存在时,德国的神秘主义哲学家埃克哈特和他的学生们却一头扎进新柏拉图主义的神秘体验中,声称上帝是不可思议、不可通过逻辑来规定的精神实体,只存在于人的沉思默想和神秘直观之中。他们鄙视教会的礼仪和圣事,主张以自己虔诚的信仰和神秘的体验过自己的宗教生活。到了 16 世纪,德国的路德提出"因信称义",认为自己的信仰是与上帝沟通的唯一手段,路德凭借发自内心的神秘主义信仰让关于上帝的逻辑证明和知性知识没有任何存在的余地。虽然路德对上帝的活生生的赤诚信仰是发自内心的,但是当路德的学说成为教义时,"因信称义"就随时可能变成一种盲目信仰。德国的神秘主义传统在 18 世纪穿上了浪漫主义的外衣,它在神学领域是虔信主义,在哲学领域即是直接知识说,雅柯比、谢林、施莱尔马赫兄弟是其代表人物。

直接知识说以直接性作为真理的原则和标准。什么是直接性?直接性是抽象的自我联系,是抽象的同一性,是不需要他物作为条件的。信仰是直接知识,上帝的存在只有通过信仰得到确认,上帝的存在是直接的,不是间接的,也不是有中介的。如果上帝是间接的,通过理论证明才能确认的,这种证明就是寻求条件,根据条件把它推论出来,那么,一个被推论出来的上帝和绝对就已经不是上帝和绝对了。

黑格尔并不反对直接性,确切地说,他反对抽象的直接性。他也认为真理(上帝、自由与灵魂)不是受他物限制之物,即真理必须首先是直接性的,必须是自我联系和自我同一的。但是黑格尔与雅柯比的不同在于他主张一种中介性与直接性的统一,即自己以自己为中介。在黑格尔看来,雅柯比依然陷入知性思维,坚持非此即彼的二元对立,以为直接性与间接性(中介性)之间有一道坚固的鸿沟。黑格尔主张,思想以他物为中介,但是却能扬弃这种中介,但这必须以逻辑学自身才能完成。通过辩证逻辑,上帝、绝对具有自明性和直接性，但是这种直接却是精神劳作的结果，精神自身已经经历了必然的、曲折的进展过程。

说到此，不得不提到阳明心学，阳明心学主张"致良知"，"良知"在中国哲学中具有特殊含义，并非日常语言所指的"善心""道德"，"良"实际上与德国古典哲学的"直接性"异曲同工，良知意味着人人直接具有的意识。王阳明的"致良知"来自孟子的这句话："人之所不学而能者，其良能也；所不虑而知者，其良知也。"良知是指人人生而具有的天道伦理。如果黑格尔从中国哲学的语境中来评价阳明心学，那么，他大概会说，从普通人的内心去寻找的"天理"不过是儒家数千年教化的结果，倘若没有儒家精神的艰苦劳作，百姓的心中哪有什么天理人伦，百姓的意识里就没有王阳明所说的"良知"。另外，"良知"仅仅具有抽象的直接性，本身没有任何内容的规定，若是以"致良知"为原则，则我们甚至可能宣布违背道德的"良知"为真理，只要它不违反意识的"直接性"。

2. 直接知识说导致迷信和偶像崇拜也可以被宣称为真理

直接知识说主张真理只能为精神所理解，通过信仰、内心启示和直觉而得到的东西才是真理。黑格尔显然对直接知识说持批判态度，黑格尔对直接知识说中知识与信仰、直接性与间接性等的对立已经进行了细致的分析，但是这并不是黑格尔对其批判的全部。黑格尔从直接知识说自身的观点出发，进行推论，指出其理论的后果。黑格尔分析了直接知识说下面的几个要点。

第一，既然直接性是直接知识说的原则和标准，那么这就意味着真理的标准不是内容的本性，而是意识的事实，凡是被宣称为真理的，除了主观的知识与确信或者是在我的意识里发现之外，便没有其他标准了。如此一来，凡是我的意识里出现的东西，就变成了人人意识里都有的东西，甚至是意识本性中的东西了。这显然是谬论，因为个人的意识必定带有偶然性和特殊性，如果不经过艰苦的劳作，将特殊的、偶然的东西排除掉，那么就算众人同意你意识中出现的东西，这种东西也顶多是合乎礼俗的东西，与真理有着相当远的距离。

第二，把直接性当作真理的原则，可能引起的第二种后果是把你意识中出现的一切东西都宣布为真理，一切迷信和偶像崇拜也变成真理了。自然的欲望会出现在意识之内，违反道德的目的也可以完全直接出现在意识之内，难道我们要说它们也是真理吗？印度人甚至信仰牛、猿猴、喇嘛，这些对象都直接地出现在他们的意识之内，难道这些对象也是信仰的真理？明显很荒谬。黑格尔也向世人陈述了这样一个事实：这个世界上很多地方是没有上帝信仰的。如此，以直接出现在意识中作为上帝存在的证明是不足信的。另外，黑格尔说："自然的意欲和倾向都自然地寄托其兴趣于意识之内，而那些违反道德的目的也完全出现在意识之内。"① 若是完全贯彻直接知识说,那我们便要把私欲和不道德当成我们的信仰了。

第三,直接知识说只告诉我们上帝存在,但是没有告诉我们上帝是什么,因为任何内容都会产生中介性的知识。这样的上帝实际上被缩小为一种空泛的神。不可否认,在路德的意识中,上帝是活生生的心灵中的现实,在雅柯比时代,直接出现在他的意识中的上帝也是丰富的,但是,如果换一个时间和地点,直接知识说的上帝就没有任何内容了,黑格尔不禁感叹"时代的贫乏"。

3. 浪漫主义放纵于想象和确信之狂妄的任意之中

在直接知识说的最后部分,黑格尔将其与笛卡尔哲学进行了比较。在黑格尔看来,直接知识说与笛卡尔哲学的共同点有三:思维与思维者的存在不可分;上帝的存在和上帝的观念不可分;感性事物是没有真实性的。

直接知识说与笛卡尔哲学的不同之处在于,笛卡尔哲学从未经证明并且不能证明的前提出发,进而达到了更扩充发展的知识,促进了近代科学的兴起。但是直接知识说并没有使知识得到扩展,只停留在上帝不可通过知识理解的阶段,也就是对上帝的抽象信仰阶段。另外,黑格尔认为康德依旧

---

① 黑格尔:《小逻辑》,贺麟译,商务印书馆,2016,第167页。

沿用笛卡尔所提出的寻求科学知识方法，但是遇到以无限为内容时，便放弃一切方法，放纵于想象与确信之狂妄的任意之中。雅柯比的直接知识说即陷入了这种道德的自大和情感的傲慢之中，这不仅仅是批判雅柯比，更是黑格尔对当时德国的浪漫主义的根本观点。

黑格尔在《哲学史讲演录》中对浪漫主义这样评价道：

> 自从耶可比以后，凡是哲学家（如弗里斯）和神学家所写的关于上帝的著作，都建筑在直接知识、良知的知识这个观念上面；人们也称这种知识为天启，但这是不同于神学的另一种意义的天启。作为直接知识的天启是在我们自身内，而教会却把天启认作一个从外面昭示的东西。[1]

浪漫主义的天启和教会声称的天启是不同的，前者是一种内在的领悟，后者则是外在的灵异现象。

---

[1] 黑格尔:《哲学史讲演录》(第4卷)，贺麟等译，商务印书馆，2016，第248页。

在浪漫主义的时代氛围中挽救思想

[第79~80节]

一个志在有大成就的人,他必须,如歌德所说,知道限制自己。反之,那些什么事都想做的人,其实什么事都不能做,而终归于失败。

——黑格尔:《小逻辑》,第174页

1. 在浪漫主义的时代氛围中挽救思想的尊严

黑格尔在探讨旧形而上学、经验主义与直接知识说等三种态度时,将思想引向了逻辑学,提出唯有逻辑学才是通往真理的唯一正确道路。旧形而上学认为思维可以认识一切存在,但是旧形而上学的思维是有限的知性范畴(单一性与复合性、自由的与必然的、有限的与无限的),企图用有限的语词去规定理性的对象,这并不能表达真理。经验主义——包括批判哲学——则否认一切超感官事物的知识与说明的可能性。直接知识说抓住康德对知性思维的批判,干脆声称思维把握不了真理,只有通过精神、信仰、内心启示、直觉才能把握无限。黑格尔同样否认知性思维能够把握真理,但是他并没有像前人那样将思维一棍子打死,思维不只是知性思维，还有理性思维，理性思维即是黑格尔逻辑学。知性范畴确实把握不了无限，但逻辑学可以；直接知识说具有片面的直接性，逻辑学则实现了直接性与中介性的统一。

我们熟知的"逻辑学"主要是形式逻辑，包括三段论、矛盾律、同一律、排中律等内容，但是黑格尔的"逻辑学"与我们熟知的"逻辑学"可以说是截然不同的。黑格尔的逻辑思想有三个方面，知性的方面、辩证的方面与思辨的方面。这三方面并不是逻辑学的三个部分，而是每一逻辑真实体的各环节，即每一真理的各环节。"环节"与"部分"的差别在于前者意味着阶段性、历史性，后者则没有阶段性和历史性。但是后者却恰恰是大多数人对辩证法和黑格尔哲学的理解，以为可以离开知性的基础谈论辩证法，甚至认为辩证法是反对知性的。黑格尔强调知性是思维必不可少的一个阶段。

知性与理性的区分，这是由康德所完成的，但康德对理性持消极态度。黑格尔是在神秘主义与浪漫主义的时代氛围中挽救思想的尊严，浪漫主义认为只有通过信仰、启示和直觉才能达到对于神圣的对象的认识，而思维则在认识理性对象上无能为力，比如通过思维论证上帝的存在，这是不可能做到的，康德已经为此做出了最后的判决。面对前辈康德对理论理性的界限划定，黑格尔也无法撼动康德的既有功绩，或者说，黑格尔要做的并不是去反对康德，而是要去推进康德。黑格尔认为，我们一般说到思想与概念时，总以为指的只是知性的活动。诚然，思维首先意味着知性的思维，但是思维并不停留于知性阶段，概念也不停留在知性的规定上。浪漫主义的问题在于将思维仅仅视为知性思维，康德的问题在于其所讨论的对象确实是理性对象，但是思维的规定或者说范畴却是知性范畴，康德只不过论证了知性活动及其范畴无法认识无限的对象，但黑格尔认为可以通过逻辑学的理性范畴认识无限的对象。

2. 知性活动赋予内容以普遍性的形式

什么是知性？知性也叫作理智。感性、知性、理性，知性是超出感性阶段的思维，试图从复杂的万千世界中寻找固定的、普遍的和本质的东西。我们现在所说的自然科学和社会科学就是典型的知性思维的表现，它们都志在为自然界和人类社会寻找普遍的规定、不变的本质。知性有两个核心特征，第一是坚持着固定的规定性和规定性之间的对立，第二是把这些规定性即有限的抽象概念当作本身自存的东西。知性坚持力学中的作用力与反作用力，两个规定是固定且对立的，并且将作用力与反作用力这一对抽象概念当作本身自存的。

知性活动赋予认识对象以普遍性的形式，对于对象持分离与抽象的态度，不断进行区分与抽象的活动。为什么现代的科学越来越精细化？这源于现代科学——无论是自然科学还是社会科学——的形而上学前提是知性。政治学的研究对象从国家到特殊群体如少数民族，以至于研究某个社区的权力状况;从一般意义的民主到特殊群体的民主,如女性的民主,甚至是某地区的性别政治。知性不停地在这个世界上进行切割活动,同时将这个切割出来的对象普遍化,赋予这个普遍形式客观性的地位。或者说,知性是以普遍形式切割世界,实现我们对世界认识的条理化。我们嘈杂而碎片化的日常生活,如果用知性思维进行一番认识,则可能大有一番趣味。比如,再琐碎而平常不过的电视剧《乡村爱情》,竟有人从政治学的视角进行解读,将《乡村爱情》看成是一部完美展现了中国的权力斗争和家族政治的史诗,剧中的乡村爱情是大家族之间的联姻,故事的进展是村里家族权力格局的嬗变。这种解读就是典型的知性思维,用权力和家族等普遍性的形式去认识万变中的不变。

黑格尔反对知性思维吗?我们不能说黑格尔对它既肯定又否定,仿佛黑格尔就是一个"和事佬",否定这一方面,又肯定另一方面,事实并非如此。黑格尔是在肯定的基础上否定,肯定与否定之间的连续性不可或缺。黑格尔说:

> 无论如何,我们必须首先承认理智思维的权利和优点。大概讲来,无论在理论的或实践的范围内,没有理智便不会有坚定性和规定性。[①]

---

① 黑格尔:《小逻辑》,贺麟译,商务印书馆,2016,第174页。

知性（理智）思维在理论认识和实践方面都是必不可少的。认识自然事物，我们如果不对对象进行区别，则无法得知事物的特性；如果不将事物的特性孤立起来，则无法进行研究。"假设其他条件不变"是科学研究的前提，在数学中，量就是排除了其他特性而加以突出的范畴。在实践中，我们也离不开知性思维。知性的片面性，意味着条理化。从事任何一个行业都主要是用知性，知性是一个人教养的主要成分。一个有教养的人绝不以混沌模糊的印象为满足。另外，知性的片面性，也意味着一个人在生活中坚定不移地朝着一个方向前进，以求达到自己的目标。凡是志在有大成就的人，必须知道限制自己，什么事都想做的人，其实什么事都不能做，而终归于失败。

大家都知道黑格尔在批判知性（理智）思维，我们这个时代，一部分哲学工作者喜欢将一顶"知性思维"的帽子扣在自己思想对敌的头上。但是，黑格尔肯定了知性思维在数学、自然界和政治等领域的意义，甚至是在神学中，一个仿佛可以任由想象力驰骋的领域，也少不了知性。北欧神话中模糊不清与相互混淆的神灵与希腊神话中清楚刻画的神灵，黑格尔认为后者优于前者。

辩证法存在于一切事物之中

[第81~83节]

辩证法是现实世界中一切运动、一切生命，一切事业的推动原则。

——黑格尔:《小逻辑》，第177页

1. 辩证法就是一切

辩证法已经成为黑格尔哲学与马克思哲学的"标签"。在历史中，所有对黑格尔哲学与马克思哲学的抨击，都不会落下辩证法。辩证法是被集中批判的靶子。罗素在其代表作《西方哲学史》中说："辩证法是由正题、反题与合题组成的。"不得不替罗素感到惋惜，他对黑格尔辩证法的理解完全是错误的。他用"舅舅"与"外甥"的例子来理解辩证法："舅舅"包含着的"外甥"，"外甥"又必须进展到外甥的母亲，以至于必须理解了世界的全体才能理解"舅舅"。在罗素看来，辩证法就是全体论。这种解法离黑格尔哲学相差千里，以至于我怀疑罗素并未读过黑格尔，不然怎么会用斯墨茨的思想（全体论）来理解黑格尔呢？罗素对黑格尔辩证法的叙述只是在表达当时流行的偏见。大哲如罗素都理解不了辩证法,遑论其他人,如果要论及所有对辩证法的误解将是一件十分有趣的事,因为辩证法的理解史几乎同时是辩证法的误读史。

目前主流的教科书对辩证法的理解模式是"三大规律、五大范畴",不能说这个模式错得多么离谱,但是它也正确不到哪里去。这个理解模式普及了辩证法的一些观点,但是可能对辩证法造成极大的危害,因为这里的每一个观点都是独断式的,没有前因后果,每一个观点都像是从书本里蹦出来的,每一个观点都可以到处套用或者单独拿出来用,严重丧失了哲学的生命力,变成了僵死的教条。

谈论黑格尔的辩证法必须以知性思维为前提,没有了这个前提,辩证法就可能走了样,变成了诡辩论。什么是知性思维,前面已经多次论述了,知性就是坚持片面的、静止的、孤立的、固定的规定性,即自然科学和社会科学流行的思维,也是我们常说的"形而上学"的观点。辩证法就是为了破除知性规定而产生的,因此,不理解知性思维,辩证法就成了空中楼阁。知性思维有知性思维的存在价值,前面也已经论述了。但是,在黑格尔看来,知性思维中的有限规定莫不扬弃其自身而过渡到其反面,这就是辩证法的开始。

比如生与死,在知性思维看来,生就是生,死就是死,其他一切都是鬼话。但是,生并不是绝对的,生命的本身就包含着死亡的种子,生过渡到它的反面就变成了死,凡有生者必有死。在辩证法中，任何固定的规定都会过渡到其反面。极端的快乐与极端的痛苦相互过渡（喜极而泣），极端的民主与极端的专制相互转化。但是，假使我们不以知性思维为前提，不坚持生与死、民主与专制的差别，辩证法就成了诡辩论：既然生与死相互转化、民主与专制相互转化，那么生与死、民主与专制就没有差别了。辩证法就成了一种混淆视听的话术把戏。但是辩证法要扮演的绝不是一个和稀泥的愚昧角色，而是认识到生命本身就包含着死亡的种子，极端的民主会走向专制，这是一种新的思想，而不是像诡辩论那样，退回到抹杀差别的混沌状态。

我曾经向一位真诚信奉辩证法的前辈追问：到底什么是辩证法？他的答案就是一句话：辩证法就是一切。黑格尔也说：

> 辩证法是现实世界中一切运动、一切生命，一切事业的推动原则。[1]

我们身边的一切事物，都是辩证法的例证，万物的生成、变化与消逝即是万物的辩证法。

进一步，黑格尔说：

---

[1] 黑格尔:《小逻辑》，贺麟译，商务印书馆，2016，第177页。

> 辩证法在同样客观的意义下，约略相当于普通观念所谓上帝的力量。①

辩证法是一种普遍而无法抵抗的力量。凡有限之物莫不扬弃其自身，在辩证法之普遍力量面前，一切表面如何坚固的事物都不能够持久不摇，一切有限之物都由于内在的矛盾而超出它当前的存在，过渡到其反面。马克思对辩证法的论述并不多，他在《1844年经济学哲学手稿》中把辩证法看作"推动原则和创造原则的否定性"。这句话把握住了辩证法最为重要的观点，即凡有限之物莫不否定其自身而不断推动世界向前。辩证法意味着一切坚固的东西都将烟消云散，一切有限之物都是要消亡的，也正是有限事物的消亡与另一有限事物的继起推动世界不断向前，因而辩证法是推动世界运动的普遍力量。

至于把辩证法当作"正题、反题、合题"的，这种想法粗俗不堪，此观点就像抓住了春蚕的外壳，但是春蚕的生命本身并不在于此。辩证法在任何一种意义上都不能等于"正反合"，辩证法把一切有限的东西都看作不是固定的和自立的，一切有限的东西都将扬弃自身，辩证法是一种自我否定运动。有限事物通过走向自己的对立面而扬弃自己。自由资

---

① 黑格尔：《小逻辑》，贺麟译，商务印书馆，2016，第180页。

本主义发展的尽头是垄断资本主义；政治秩序往往盛极而衰，而大乱又达到大治。辩证法不仅仅是认识论，要求我们超出知性的片面而静止的规定看问题，明白任何一个孤立的知性范畴都不足以说明事物的真实本性。而且，辩证法是本体论，事物本身无不超出自身，一个人从婴儿到童年，再到成年；一棵树，从种子到树苗，再到参天大树，这都是辩证的过程，辩证法是一切事物不断向前进展的灵魂。

2. 否定之否定意味着新的真理的诞生

辩证法是逻辑实体的第二个环节，第三个环节是思辨。辩证法首先意味着它是一种否定理性，凡是现存的都将灭亡，但是，辩证法的否定并不是导向直接的虚无和否定一切的怀疑主义。辩证法是具有积极结果的，在这个积极的结果中，被否定的规定也包含在其中，这就到达了思辨阶段。马克思对私有制的态度并不是纯粹的否定，恰恰相反，纯粹否定私有制的是空想的社会主义（绝对平均的共产主义），甚至这种单纯否定私有制的思想恰恰是私有制的卑鄙表现。辩证法对待私有制的态度是积极的否定，将私有制作为未来社会中的一个环节，在共产主义社会，私有现象依然存在，但是私有并不是实现人的本质的更好的手段。思辨阶段也就是否定之否定阶段，否定之否定并不是回到原初无差别的混沌状态，而是意味着新的东西的诞生。

思辨理性意味着有差别的统一，必须强调，这个统一并不是单纯的统一，而是有区别的统一，这意味着区别（知性）依然包含在思辨之中，除去理性和辩证法的成分，思辨之中是知性逻辑。有差别的统一是一种新的真理，比如无政府状态与专制独裁的统一，并不是在二者之中择其一，也不是空无内容，而是代表着一种新的真理，即民主选举或者民主集中。

思维分为知性、辩证法、思辨三个环节，这三个环节是一切思维必经的阶段，贯穿在真理运行的过程之中，其中也包括在黑格尔的逻辑学中。黑格尔的逻辑学一共由三个部分组成，分别是存在论、本质论与概念论，这三部分是逻辑学的显性构成，知性、辩证法与思辨三个环节则是逻辑学的隐性构成。这三个部分中只有概念论才是真理，通过存在论与本质论，真理自己证实自己是真理，真理是直接的存在与间接的本质的统一。

// 存在论篇

没有一种哲学可以被推翻

[第84~88节]

哲学史的主要内容并不是涉及过去，而是涉及永恒及真正现在的东西。而且哲学史的结果，不可与人类理智活动的错误陈迹的展览相比拟，而只可与众神像的庙堂相比拟。这些神像就是理念在辩证发展中依次出现的各个阶段。所以哲学史总有责任去确切指出哲学内容的历史开展与纯逻辑理念的辩证开展一方面如何一致，另一方面又如何出入。

——黑格尔：《小逻辑》，第194页

1. 绝对完全是某种多余的东西

黑格尔哲学的初学者，甚至根本没读过黑格尔著作的人，也能大谈黑格尔，说几句"世界是绝对精神的外化"之类的话，便自以为黑格尔不过如此。有学者认为黑格尔的著作虽然细节不好读，但大意还是很简单的。这是对黑格尔的严重误读，只见黑格尔哲学的表面森林，却不识其思想的树木，这根本没有进入黑格尔哲学本身。以黑格尔哲学中的"绝对"为例，许多人以为"绝对"在黑格尔哲学中占据关键的位置，甚至以"绝对"指代黑格尔哲学的全部内容，但，黑格尔自己说，"绝对"在其哲学中完全是"某种多余的东西"。何以如此？"绝对"与基督教的"上帝"、中国哲学中的"道"是一个意思，"道"与"绝对"都是至大无外，外延最大，但是内涵为无，我们能说"道"有多么重要吗？中国人说"中庸之道"与"刚柔相济之道"，重要的是"中庸"与"刚柔相济"，离开了它们，"道"本身是一个无意义的抽象物。因此黑格尔哲学的真正意义在于界说"绝对"或"道"的形式，与"绝对"的形式或谓词相比，"绝对"本身不过是无确定的基质罢了。黑格尔说：

> 这样一来，即使绝对——这应是用思想的意义和形式去表达上帝的最高范畴——与用来界说上帝的谓词或特定的实际思想中的名词相比，也不过仅是一意谓的思想，一本身无确定性的基质罢了。因为这里所特别讨论的思想或事情，只是包括在谓词里，所以命题的形式，正如刚才所说的那个主体或绝对，都完全是某种多余的东西。[①]

《逻辑学》的各个规定和范畴是界说"绝对""上帝"的

---

① 黑格尔：《小逻辑》，贺麟译，商务印书馆，2016，第188页。

各种形式。由于黑格尔的时代，宗教信仰依然是一种政治正确，加之上帝与绝对存在共同之处，基督教文化方便大众理解，黑格尔时常将绝对和上帝并列使用。逻辑学即可理解为绝对的各个规定和范畴，也可以理解为形而上学地界说上帝，把上帝的本性表达在思想里。《逻辑学》可以被称为一切思想的思想形式，其地位大体相当于中国哲学中的《周易》，"范围天地之化而不过，曲成万物而不遗"，广大兼备，古代中国人的行为不在《周易》之外，人类迄今的思想所具有的形式包含在《逻辑学》之中；《逻辑学》也相当于马克思主义中的《资本论》，《资本论》是现代社会中的阶级、国家、世界市场等的一般的抽象规定，《逻辑学》是自然界、人类社会以及精神文化的一般的抽象规定。

《逻辑学》的每一范畴都可以看作是对绝对的界说，但是严格说来，只有第一范畴和第三范畴可以这样看，第一范畴是一个范围内的简单规定，第三范畴表示由分化而回复到自身的联系，第二范畴是一个范围内的分化阶段，只是对于有限事物的界说。譬如，质、存在、变易、自在存在、自为存在、一，都是绝对理念的一种表述，不过后面的范畴是形式更为丰富的表述，其中每一范畴都与绝对具有同一性。

"存在论"范围有质、量、尺度三个阶段。质与存在具有同一性，一旦某物失去它的质，那么某物就失其所以为某物的存在；量是第二范畴，是存在的分化阶段，量之多寡不影响存在；尺度则是质与量的统一，凡物莫不有尺度，尺度与存在具有同一性。"存在论"的三种形式是逻辑学中最初的、最早的，但也是最贫乏的、最抽象的。日常生活中最易感受到的是质与量的思想形式，某物是什么，某物数量多少，眼花缭乱的万事万物，人们以之为丰富。以小说为例，文字材料的存在或人物、文字数量的多寡并不意味着该小说的思想内容丰富。现在一些做文本考据的学者，以材料多、摘句广、书籍厚等自矜，其实这只是最初级的思想形式，是完全不够凭此被称为思想家的。

2. 没有一种哲学可以被推翻

黑格尔逻辑学的各个范畴，除了是对绝对（上帝）的界说这一特点外，至少还具有两个特点：第一，各个范畴都代表着一种思想形式、一个哲学体系；第二，各个范畴都对应着历史上的哲学家或哲学思想。这也就是为什么我们说黑格尔哲学是逻辑与历史的统一，确切地说是黑格尔逻辑学，其逻辑与历史是统一的。逻辑理念的每一阶段、每一范畴对应着每一哲学体系，因此逻辑理念的进展也是哲学史中的革故鼎新运动。但是，一个哲学体系推翻另一个哲学体系并不只有抽象的否定意义，并不意味着前面的哲学体系已经毫无效用、根本完结了，真正讲来，被推翻的哲学体系被后来的哲学体系所扬弃，并被包括在新的哲学体系之内。黑格尔甚至讲：

> 虽然我们应当承认，一切哲学都曾被推翻了，但我们同时须坚持，没有一个哲学是被推翻了的，甚或没有一个哲学是可以推翻的。这有两方面的解释：第一，每一值得享受哲学的名义的哲学，一般都以理念为内容；第二，每一哲学体系均可看作是表示理念发展的一个特殊阶段或特殊环节。①

因为每一哲学体系都是理念发展的特殊阶段和环节。黑格尔有一句名言，"哲学就是哲学史"，人们对此往往断章取义，不能理解黑格尔这句话，黑格尔说这句话是在强调历史上的哲学都是对于绝对、永恒的表达。在黑格尔看来，学习哲学史并不是参观人类理智错误陈迹的展览馆，而是敬拜教堂里的众神，即使众神之间存在次序，但每一神都代表着一种思想形式。历史上的每一种哲学都是绝对理念自我发展的必要环节。

"存在"范畴对应的是哲学史上的爱利亚学派，尤其是巴门尼德哲学，巴门尼德哲学意味着一种思想形式。黑格尔将巴门尼德视为哲学史上第一位哲学家，因为巴门尼德第一

---

① 黑格尔：《小逻辑》，贺麟译，商务印书馆，2016，第191页。

次将纯思视为哲学的认识对象。我们知道巴门尼德的名言是"唯存在存在，不存在不存在"，其何以被黑格尔解读成"哲学的真正开始点"呢？这句话与将纯思视为哲学的认识对象有何关联？"唯存在存在，不存在不存在"，也可以说"唯有存在，无不存在"，巴门尼德认为"有"才是真实和真理，"无"没有任何确定的规定，甚至连"它是什么"都说不出，没法对它进行思考。说不出事物是什么，根本不能算思想。因此，巴门尼德的"存在"首先意味着能够说出事物是什么，即确定性规定，而作为事物的第一个规定就是存在。存在是第一规定，与纯思同义，这也是逻辑学以纯存在为开端的缘由所在。纯思的意思不外是说以思想作为对象，巴门尼德以能成为思想、能被思考的对象（存在）为真理，无是不能被思考的，因而也是不存在的。唯有存在才能被思考，以存在为真理即是以纯思为真理。

"存在"范畴对于我们现代人来说是很难理解的，其原因在于，现代社会的物化结构内化到文明的思想意识之中，与我们的孤立的、片面的从属于或固定于物的某一环节一样，我们的思想也是支离破碎的。现代社会主导的意识形态是不断分解、不断割裂世界统一性的实证科学，丧失了对世界总体性图景的把握。黑格尔哲学是在现代社会重建哲学，重建人们的总体性世界图景，作为最抽象的总体，即是存在。

巴门尼德的那句话还有两层引申的思想：第一，所有的存在者是一，是完全一样、没有任何差别的一；第二，存在者是不动的。[1] 黑格尔认为巴门尼德对"绝对"进行了界说，即绝对的第一界说是存在（有），"绝对就是有"。存在是一切事物的根本规定。用基督教的语言来说，即上帝是一切有限存在中的存在。"存在"范畴的哲学思想，引申来说是一种"齐物论""天人合一"的哲学，"天地与我并生，而万物与我为一"，将世界看作一，万法归一，不应有分别心。我与天地之所以为一，去除分别心是首要的，世界是一，是大我，我是小我，不应执着于小我，不应受制于分别心，尤其是我与天地的分别。认清只此一个天地，别无其他，方能做到天人合一。巴门尼德在多样的世界中看到了一种统一性，没有毁灭、没有变化，万物生灭都是假象，一种"无"的哲学破壳欲出。

---

[1] 杨适：《古希腊哲学探本》，商务印书馆，2003，第232~234页。

辩证法不是和稀泥

[第87~88节]

变易是第一个具体思想,因为也是第一个概念,反之,有与无只是空虚的抽象。

——黑格尔:《小逻辑》,第198页

1. 上帝存在论:绝对的富有也是绝对的贫乏

作为逻辑学开端的"存在"("有")是"纯有""纯存在","存在"是纯粹无规定的,不能对它加以任何规定,否则就不能作为直接性的"纯有"。"存在"是关于"大全""绝对""世界""上帝"的第一个范畴,这是最抽象的,也是最空疏的。"绝对就是有""上帝存在",虽然这肯定了上帝是一切有限存在中的存在,是一切实在中真实的、最高的实在,但是至高的赞誉等于没有赞誉,这也是说"绝对"和"上帝",除了空洞的存在,什么也不是。作为存在时,上帝是一切物的普遍原则,此外什么也不是。"存在"范畴是直接的无规定性,"存在"即是"无",二者的差别仅仅是指谓的差别。

"无"的哲学在欧洲哲学史上并没有对应的哲学体系,印度的佛教表达了"无"的哲学。"上帝存在论"和"万法皆空",一方说"存在",一方说"无",二者是同样的抽象体,彼此都是同样的空虚。黑格尔说:

> 或是说,上帝只是最高的本质,此外什么东西也不是。因为这实无异于说,上帝仍然只是同样的否定性。那些佛教徒认作万事万物的普遍原则、究竟目的和最后归宿的"无",也是同样的抽象体。[①]

当一些哲学家把上帝视为万事万物中的最高本质时,这实际上就取消了上帝,上帝只是一个纯粹的指谓,变成了毫无规定的存在,即使保持了上帝作为最高的存在,但在实质意义上取消了上帝。于是,"绝对"(其形式之一是"上帝")从"有"便进展到"无"。

单纯对"存在"进行语言分析,可以进展到"无",因为纯粹无规定性的"存在"就等于"无"。但是语言分析不能代替哲学的进展,否则也太缺乏思想了。从巴门尼德哲学的内在逻辑来讲,"存在"必然向"无"过渡。巴门尼德所说的"存在"是真理,是真实的世界,区别于意见、幻相,

---

① 黑格尔:《小逻辑》,贺麟译,商务印书馆,2016,第192~193页。

"存在"是唯一的,不可分的,没有任何运动和生灭,自然界的多样性是假象,抹杀了一切特定的东西(万法皆空,一切有为法如梦幻泡影),"无"的哲学岂不是呼之欲出?其与佛教的区别只在于"存在"与"佛"指谓的不同,对待外界事物的虚无态度如出一辙。黑格尔说:

> 如果我们试观察全世界,我们说在这个世界中一切皆有,外此无物,这样我们便抹杀了所有特定的东西,于是我们所得的,便只是绝对的空无,而不是绝对的富有了。①

"有"是绝对的,这个世界只是一个"有",除此之外没有任何东西,这是对"有"的肯定;但这样又将所有特定的差别、世界的多样性抹杀了,这样的"有"又是绝对的贫乏,除了自身的同一性,什么也没有,从有就过渡到了无。

2. 辩证法生成新的主体解决旧事物的矛盾,向前演化

"有"与"无"都是绝对的空虚,都是绝对的自身同一性,"有"等于"无"。如果我们对"有"与"无"进一步发挥和反思,两者的真理即是"变易",此时绝对便扬弃了其

---

① 黑格尔:《小逻辑》,贺麟译,商务印书馆,2016,第194页。

作为"有"或"无"的空虚的抽象物，而变成了一个具体的东西。之所以说它是具体的，因为"有"与"无"都是它的环节，而不再是纯粹的空虚和抽象的同一性。

从"有"到"无"再到"变易"，其范畴进展的必然性在于"有"与"无"是统一的。"变易"是一个新的主体，绝对生成的新的主体能够解决旧有的对立的矛盾，"变易"是"有"与"无"矛盾的解决，也是"有"与"无"的真理。在辩证法的思想世界中，我们经常可以看见"矛盾双方对立统一"的表达方式，"有"与"无"的对立统一是最抽象的例子，还有"质"与"量"的对立统一，"本质"与"现象"的对立统一等，这些对立统一的矛盾很好理解，因为黑格尔已经将其辩证法体系化了。这些矛盾分别统一于"变易""尺度""现实"，这些新的主体是对立的矛盾之统一，也是旧有矛盾之解决。但是，之于马克思的辩证法，由于马克思未能写成曾经发愿要写的辩证法著作，不少人对马克思的辩证法理解失之偏颇。资产阶级与无产阶级的对立统一，主观与客观的对立统一，唯物主义与人道主义的对立统一，如何理解这些"统一"呢？"统一"并非是模糊矛盾双方的界限，更不是将辩证法当作诡辩论使用，回避问题、搪塞问题，"对立统一"本身成了具体矛盾的真理，这就严重误读了辩证法。辩证法必须生成新的主体来解决旧有的矛盾，产生新的思想来回答"对立统一"，而绝不停留于抽象的"对立统一"本身。

"有"与"无"的统一或者说,有即是无,这个命题在一般人听来简直是在开玩笑。有一栋房子和没有一栋房子,有一百块和没有一百块,怎么可能是一样的呢?这种想法的错误在于用充满内容的区别代替有与无空洞的区别。一栋房子、一百块钱都是具体的对象,有与无是最空疏的概念,后者与前者不是一个层面的东西。黑格尔说:

> 但这种具体的对象不仅是存在着或者非存在着,而另有其某种别的较丰富的内容。像有与无这样的空疏的抽象概念,——它们是最空疏的概念,因为它们只是开始的范畴,——简直不能地正确表达这种对象的本性。①

另外,举这些例子的人,从自己的利益、愿望、目的出发,去问事物的差别,但是哲学,尤其是黑格尔哲学,正是要使人从主观的愿望和有限的目的中解放出来。

3. 幽明与有无

变易即意味着从有到无以及从无到有,而大多数人所

---

① 黑格尔:《小逻辑》,贺麟译,商务印书馆,2016,第196页。

接受的哲学是"无不能生有，有不能生无"的物质永恒的原则。不少人喜欢追问世界从哪里开始，对"宇宙大爆炸理论"进一步追问，宇宙大爆炸之前是什么。对分子、原子、质子、夸克、粒子不断刨根问底，其背后的哲学依据即是"无不能生有"，一定要找出一个存在的又是本原的东西作为世界的开端。但是这个问题注定是无解的，因为思维又会继续追问这个本原从哪里来，由此陷入悖论之中。但如果接受了变易的哲学，我们便不需要找出一个存在的东西作为世界的本原，因为世界可以从无过渡到有，而无是不能进一步追问其本原的，因此解决了本原问题的悖论。中国哲学说，"天下万物生于有，有生于无"，"无极而太极"，这些思想与"从无到有"的变易哲学是息息相通的。

变易范畴对应着赫拉克利特的哲学，赫拉克利特说"一切皆在流动"，这已经道出了"变易"是万有、绝对、世界的基本规定。变易哲学对于许多人来说已经不陌生了，但是我们仍然无法在情感和生活中接受"变易"哲学。人的出生，春天万木的萌芽，这都是"从无到有"的变易。"天地之大德曰生"，"生生之谓易"，中国哲学对生生观念极为重视，一部《周易》是对生生观念的注释，中国人历来极为推崇"从无到有"的变易。然而，对于"从有到无"的变易，中国人却难以接受，亲人逝世是"从有到无"，我们难以接受，一般人常以灵魂不死等思想来抵抗"从有到无"的巨大力量。而在哲学界，中国宋代的儒家将"有无"问题替换成"幽明"问题（可见的与不可见的问题）或者聚散问题，在处理生死上尤为明显。张载说："大《易》不言有无，言有无，诸子之陋也。"他以幽明与聚散等范畴来理解这个世界。气不能聚为万物，万物不能不散为太虚，张载说，"知太虚即气，则无无"，有无之分是浅妄之学，气聚为万物而有形可见（明），万物散入太虚而无形不可见（幽），但是"太虚"也是气，而不是"无"。以聚散、幽明等思想代替了有无思想，从而拒绝了从有到无的变易。

可是，如果拒绝了从有到无的变易，那么从无到有的变易也被取消了，中国哲学的生生观念也便失去了其巨大的力量。生命本身是残忍的，只有在肯定死亡中才能肯定真正的生命，因为肯定生命是需要面对死亡的巨大勇气的。

凡是厌烦有限的人，只是沉溺于抽象之中

[第 89~94 节]

一个人想要成为真正的人，他必须是一个特定的存在，为达此目的，他必须限制他自己。凡是厌烦有限的人，决不能达到现实，而只是沉溺于抽象之中。消沉暗淡，以终其身。

——黑格尔：《小逻辑》，第 204~205 页

1. 辩证法必须进展到矛盾的积极结果

存在论阶段的最后一个环节是变易，变易是从无到有以及从有到无的相互转化。世界是变易的，如赫拉克利特所说，世界是一团永恒的活火，在一定分寸上燃烧，在一定分寸上熄灭。活火，如果从感性表达上升到哲学范畴，就是变易。变易完全是不安息之物，不仅使得这个世界处在永远的不安定之中，而且变易自身也不能保持在抽象的不安息之中。变易处在从有到无的消逝之中，犹如一团活火，燃烧了其材料后，自身也归于消亡。

如果说，从无到有和从有到无是变易的原则，或者说有与无是变易的两个环节，那么变易的结果则是定在。变易是

有的消逝或者无的消逝，但是变易的结果并不是空虚的无，而是否定性的有，包含了无的有。Dasein既可以翻译为定在，亦可译为限有，指有限的存在，包含否定、条件、规定于其中的存在。

　　定在是有与无之统一的结果，即有与无之矛盾的结果。辩证法的理性思维与旧形而上学（当下自然科学与社会科学的哲学依据）的知性思维的差异在于，知性思维坚持一个片面的规定，并与另一相反规定水火不容，只要在对象中发现了另一规定、发现了矛盾则否认两个规定的真实性。如果在运动中发现静止，则否认运动的存在；一国的政治不可能同时是民主与专制的，相反的规定不能集于一身。而辩证法则认为天地间没有任何事物不包含有相反的规定于其中。不过，鉴于辩证法被滥用、错用，我们必须指出辩证法不能止步于否定结果，而应该进展到辩证法的积极结果之中。这是因为辩证法与诡辩论的差别不在于承认和发现事物具有矛盾，而在于发现事物具有相反的规定性于自身之后，诡辩论停留在辩证法的消极结果之中。诡辩论者会说，既然任何一国的政治既有民主又有专制，那么某一国政治的民主或专制都是一样的了；既然世界有生又有死，那么生与死就无所谓了——"一死生为荒诞，齐彭殇为妄作"中的"一死生"，方生方死等。辩证法不停留在承认矛盾、看到矛盾等消极结果之中，而必须进展到特定的结果。有中包含无，无中包含有，辩证法指出这个矛盾，并进展到有与无矛盾的积极结果，即定在。黑格尔说：

> 变易有如一团火，于烧毁其材料之后，自身亦复消灭。但变易过程的结果并不是空虚的无，而是和否定性相同一的有。我们叫做限有或定在。①

矛盾的积极结果才能为知识的进步和发展奠定基础，矛盾的否定结果只不过是指出知性思维所看到的两个相反方面，本质上还是知性思维，也并没有为知识添加新的内容，反而混淆和抹除了事物的规定，为一切和稀泥的态度大开方便之门，倒退到思想的野蛮境地去了。

2. 质的范畴不能穷尽精神的任何特定形态

定在是一种有规定的存在，这种规定性即质，质是与存在同一的直接的规定性。也可以说，定在是某物，而某物之所以为某物即在于其质，如果失掉其质，则不再是某物。

但是质的范畴仅仅是一个有限事物的范畴，只在自然界有其真正的地位，在精神界则没有这种地位。我们可以说认清了某一自然物的质，但是如果我们说认清了某一个人的精

---

① 黑格尔：《小逻辑》，贺麟译，商务印书馆，2016，第201页。

神的质,往往是幼稚的。黑格尔说:

> 在自然中,所谓元素即氧气、氮气等等,都被认为是存在着的质。但是在精神的领域里,质便只占一次要的地位,并不是好像通过精神的质可以穷尽精神的某一特定形态。①

氧和氢是水的质的规定,如果没有氧气和氢气,则水就不再为水。但是在人类社会和精神世界,质的范畴并没有这种地位,质的范畴不能穷尽精神的任何特定形态。政治社会中的阶级与人之精神的品格,大致相当于这里所谓的质,但是,阶级与一个国家的政治并不具备直接的同一性,一个人的品格与其灵魂也不具有直接的同一性。国家不仅仅是阶级斗争的工具,还具备公共管理等功能;一个人的品格,如自私,并不决定他的灵魂一直保持自私的规定,自私的人也可能在一些场合表现出无私。只有在病态之中,质的范畴才主导人的精神和人类社会。在政治危机之中,国家才完全成为阶级统治的工具;在人疯癫时,人之精神的质是支配他的情感,其意识完全被猜忌、恐惧等情感支配,此时的人也就接近于自然界的动物。

---

① 黑格尔:《小逻辑》,贺麟译,商务印书馆,2016,第202页。

"一切规定都是否定",这是斯宾诺莎的名言。定在,或者说具有质的规定性的存在也包含否定,而不是单纯的肯定。单纯的肯定——A 等于 A——是纯粹的空虚,没有任何规定。定在作为存在着的规定,也就是实在。肉体的质的规定是灵魂,肉体是灵魂的实在;法权的质的规定是自由,法权是自由的实在;世界的质的规定是理念,世界是理念的实在。此时,实在性与理想性并无不同,在一般人的世界里仿佛实在是实在、理性是理性,殊不知实在只是理性的否定性,自为存在的、自由的是理性。

3. 凡是厌烦有限的人,只是沉溺于抽象之中

在定在中,规定性与存在是一回事,而规定性又是否定性(异在),即一种界限。否定性是定在的固有成分,否定性与存在直接同一。否定性是一种限度和界限,某物之所以为某物,在于它的限度,只有在它的限度之内才是某物,限度并不外在于定在。一块地是一草地,而不是森林或者池子,限度(否定性)与定在也是直接同一的。黑格尔甚至感慨,一个人想要成为真正的人,他必须是一个特定存在的人,凡是厌烦有限的人,只是沉溺于抽象之中,终其一生也是消沉暗淡的,因为这样的人根本不懂得限制自己。有限性和变化性是某物的规定,不要厌弃有限,否则你连个东西(某物)都算不上,更不用说其他的了。

限度是对某物的否定，但不是抽象的否定，而是存在着的否定。限度是我们说的"别物"。某物本身就必须包含着别物，只有在别物中才能辨识某物，与某物对立的别物也是一某物。从语言分析来看，某 A 只有在非 A 中才能得以认识。在辩证法的世界中，只有某物包含着别物才能引起自身的变化。前面黑格尔说，变化性是某物的规定，一切有限之物皆免不了变化，但是变化并不是外在的，而是基于某物本身，因为某物本身之中包含着别物，由某物变为别物是某物潜在本性的表现。这一点为列宁所强调，即事物自身运动及其动力的思想。某物成为别物，别物自身也是一个某物，如此类推，以至无限，有限事物转为无限并不是由于外在的力量，而是有限事物自身的本性。

有限事物的本性就是超越自己、否定自己，以至无限。但，如果只是对有限事物的否定，只是恶的无限，仍然只是有限事物的重复发生。恶的无限之所以是有限事物的重复发生，因为它虽然超出有限，但从来没有离开有限事物的范围，而是从一个有限跳到了另一个有限，这点必须结合某物与别物的辩证关系来理解：超出某物进入别物，也是超出别物进入某物。在思考宇宙有多大时，恶的无限的思想则声称必须极尽思维，仿佛要找到一个界限，譬如南天门、北天门，但又必须再超出这个界限，如此是无穷无尽的。自古以来不少人试图超凡脱俗，认为必须抛妻弃子、斩断尘根才能进入无

限的境地之中,逃离有限的世俗以寻求解脱。黑格尔说:

> 假如人们以为踏进这种的无限就可从有限中解放出来,那么,事实上只不过是从逃遁中去求解放。但逃遁之人还不是自由的人。在逃遁中,他仍然受他所要逃遁之物的限制。①

就此而言,黑格尔与宋明以后的儒家士大夫的观点是一致的,在有限的世界里升华自己的生命,带有一种勇敢的入世精神,明知有限,而于有限中寻求无限。庄子"知其白守其黑"也说了这个道理。

---

① 黑格尔:《小逻辑》,贺麟译,商务印书馆,2016,第208页。

每一真正的哲学都是唯心论

[第95~98节]

这种认为有限事物具有理想性的看法,是哲学上的主要原则。

——黑格尔:《小逻辑》,第211页

1. 每一真正的哲学都是唯心论

理解"为他存在"(Sein-für-anderes),必须先弄清楚"异在"(Anders-sein)的含义。Anders表示另外的、其他的,异在是某物的拓展,对存在的超出,为他存在中的"他"与异在中的所异之物是一样,都是质的存在自身。为他存在是间接性的、有条件的、相对于质的直接性的存在,为他存在即是定在。自在存在则是单纯的自身联系,如果更抽象地表达自在存在,那么它是存在;如果更为具体地表达自在存在,那么它是某物、一、自为存在,甚至是绝对,因此自在存在也是绝对的一个环节,也是绝对的一种表达,不过仍然较为抽象,而且是就其与异在的联系而言。此阶段的存在是自在存在,因为这是就存在自身而言,即存在的自身联系、存在的直接性,不包含异在、否定、规定,自在存在离开了规定性而坚持自身的存在。为他存在是存在的间接性，是与存在有差别的、否定性的异在，为他存在也是定在。自为存在则是自在存在、为他存在（定在）的统一，自为存在包含存在和定在于自身内，把它们当作被扬弃的理想环节，自为存在既是直接的，又是包含有规定和否定的存在。

定在一般被理解为实在性、有限的存在，如自然，自为存在一般被理解为理想性、无限的存在，如精神。这一点黑格尔并不反对，他反对的是将实在性与理想性看作是一对具有同等独立性、彼此对立的范畴，在实在性之外，还另有理想性。在黑格尔看来，实在性的真理即是理想性，将实在性的潜在发挥出来，便可表明实在性本身就是理想性。黑格尔说：

> 定在最初只有按照它的存在或肯定性去理解，才具有实在性，所以有限性最初即包含在实在性的范畴里。但有限事物的真理毋宁说是其理想性。同样的道理，知性的无限，即与有限平列的无限，本身只是两个有限中之一种有限，或是理想的有限，或是不真实的有限。这种认为有限事物具有理想性的看法，是哲学上的主要原则。[1]

---

[1] 黑格尔：《小逻辑》，贺麟译，商务印书馆，2016，第211页。

现在流行用唯物/唯心去理解黑格尔,进而将黑格尔界定为唯心主义者,进而认为黑格尔反对物质第一性、自然第一性。这种理解方式一开始就是错的,因为黑格尔并不是要站在物质、自然一方或者精神、理性一方,而是要重建世界的统一性,破除主客体的对立。实在性并非在理想性之外,理想性不在实在性之旁,理想性的本质即作为实在性的真理。自然与精神不可对立二分,自然并不是一个固定的独立之物,不可以离开精神而存在,唯有在精神里,自然才达到它的目的和真理。精神也不是超出自然的有限之物,精神唯有扬弃并包括自然于其内方是真正的精神。

黑格尔说:"每一真正的哲学都是唯心论"。① 这一判断旨在说明有限事物具有理想性,只有在精神中,自然才能达到它的目的和真理,但是必须牢记:理想性和无限并不是与实在性、有限平列的理想性和无限,精神也不是与自然并列的精神,精神是扬弃并包含自然的精神。从这一点来看,列宁在研究黑格尔《逻辑学》后,感叹黑格尔比粗俗的唯物主义更接近唯心主义,并非是没有根据的。哲学是精神的世界,离开了精神,也就没有了哲学,甚至没有了世界,因为世界必须是被理解的世界才能在人面前存在。哲学的工具是精神,任何物都必须通过精神才能存在,没有了精神,一切

---

① 黑格尔:《小逻辑》,贺麟译,商务印书馆,2016,第211页。

物对人来说便熟视无睹。黑格尔依然是在认识论的意义上谈论哲学，黑格尔之所以说自然离开了精神便不复存在，因为他把自然的存在理解为认识中的存在，没有了精神，自然就无法进入认识之中，对于人来说便熟视无睹，便是不存在。一切真正的哲学都是唯心论，黑格尔表明了有限事物自身包含无限、实在性的真理是理想性的观点，即柏拉图理念论的观点。进一步，我们可以从中看出，黑格尔并非在精神与自然谁为第一性的时间关系上肯定唯心论的立场，黑格尔肯定唯心论（理想主义），这里的理想、理性是扬弃并包含自然、物质的理想、理性，黑格尔哲学是在克服主体与客体的对立、精神与自然的对立。黑格尔说：

> 自然并不是一个固定的自身完成之物，可以离开精神而独立存在，反之，唯有在精神里自然才达到它的目的和真理。同样，精神这一方面也并不仅是一超出自然的抽象之物，反之，精神唯有扬弃并包含自然于其内，方可成为真正的精神，方可证实其为精神。①

当然，这种对立的克服不仅仅是在认识论意义上的，还

---

① 黑格尔:《小逻辑》，贺麟译，商务印书馆，2016，第213页。

是本体论意义上的。自为存在是精神，无限，却是包含自然的、有限的精神。在自为存在里才能达到真正的自由，它是扬弃并包含有限的无限，这样的无限就是真无限，因此自为存在也是真无限。

2. 一与多的关系及其政治哲学意蕴

自为存在，就其直接性而言，就是一。自为存在是无限的，自为存在之外没有他物，至大无外，自为存在是一。从自为存在到一的过渡实际上是为质到量的过渡做铺垫，因为自为存在是完成了的质，它是一，而一又包含了多，从而，我们便从质的范畴过渡到了量的范畴。这一部分相当难懂，连列宁都说："为什么自为存在是一，我不明白。依我看来，在这里黑格尔是非常费解的。"[1] 其实，存在、自在存在已经具有一的特性了，即具有一的直接性，绝对也具有一的直接性。存在具有一的直接性，因为存在是万事万物中普遍的、抽象的规定，如同商品范畴在资本主义社会的最为抽象、最为普遍的地位，在资本主义，一切都是商品，除此之外别无他物。绝对具有一的直接性，因为绝对之外别无他物，绝对是自身联系之物；自在存在具有一的直接性，因为自在存在是排斥别无的某物，排斥规定而坚持自身的存在。但是，仅

---

[1]《列宁全集》（第55卷），人民出版社，2017，第96页。

仅自为存在可以说是一，因为前面的存在、自在存在仅仅具有一的直接性。自为存在表明其自身是自由的，自为存在首先也是自身联系，但自为存在是包含着差别与间接性的自身联系，而一不仅仅是自身联系，一已经包含着多。

说到一，立刻就会想到多。如果我们将多理解为一的聚合，将一理解为多中之一，换言之，从表象出发理解多，那么多就是直接当前的东西，从一到多仅仅是偶然的聚合。一生二、二生三、三生万物，二、三与万物都是多，如果表象地理解这句话，那万物形成的必然性就丧失了，万物一体的思想也将简单化，如将万物理解为一物的无穷重复。黑格尔关于一与多的关系充满了辩证法色彩。一是多的前提，一的思想里包含有设定为多的必然性，从一到多并非是偶然的集合，而是一自己将自己设定为多。黑格尔用斥力和引力的物理学范畴来说明一。物质是多，物质中的每一个"一"都有排斥的关系，但并非一是排斥者，物质（多）是被排斥者，毋宁说，一自己排斥自己，将自己设定为多。一是一个自己与自己不相容、自己反抗自己的东西。物质中的每一个"一"都是相互排斥的，是斥力，但是这种全面的斥力又是全面的引力，一自己反抗自己，将自己设定为多，但是一旦形成了多，又表明一与一之间的相互吸引关系。一具有引力与斥力的双重特点。

一与多的关系充满政治哲学的意义。原子论哲学就是将原子界定为一，世界是许多的一的结合。自由主义政治哲学便是以原子论哲学为前提，建立在多是聚集的一的理解之上，因此，政治的原则是个人的特殊需要和偏好。自由主义政治哲学的基础是自然科学的原子论。原子之间只有斥力（霍布斯：人与人之间的战争状态），原子的聚集是外在的、偶然的原因，即契约关系。依黑格尔看来，原子（个人）本身既有斥力又有引力，彼此间的联系"乃是基于这些原子本身"，个人的独立自由与参与公共生活都是人的属性，政治不是必要的恶，政治本身是人成为人的方式，这一点构成自黑格尔哲学而出的当代社群主义思想的核心。

数学帝国主义统治着现代人的头脑

[第99~111节]

我们必须指出,像经常出现的那种仅在量的规定里去寻求事物的一切区别和一切性质的办法,乃是一个最有害的成见。

——黑格尔:《小逻辑》,第221页

1. 毕达哥拉斯哲学构成感官事物与超感官事物之间的一座桥梁

存在论部分包含质、量、尺度三个阶段,在黑格尔逻辑学中,第二阶段是分化的环节,因此量不再与存在具有同一性,量的增减被看作与存在无关的,不会影响到特定的质。一个人从拥有一块钱变成拥有一百块钱,这仍然不会改变他的拥有物的质,虽然量有变化,但他拥有的始终是货币。

虽然量在黑格尔逻辑学中处在存在的分化环节,但是对于特定的哲学来说,他们将绝对视为量,历史中的毕达哥拉斯学派即是以量为原则,视数为万物本体的学派。毕达哥拉斯认为数是一切事物的元素,宇宙由数构成,并且数的关系是一个和谐系统。[1]

---

[1] 黑格尔:《哲学史讲演录》(第1卷),贺麟等译,商务印书馆,2016,第241页。

数是万物的本原，这不同于伊奥尼亚学派将自然物质作为世界的根本原则，如泰勒斯的水、阿那克西米尼的气，这是哲学的进步——按照亚里士多德在《形而上学》中的说法，他们的哲学属于哲学的早期阶段，只有研究"存在"的学问才称得上"第一哲学"——毕达哥拉斯哲学处在自然哲学与第一哲学之间，因为事物的数学性质存在于单纯的感性事物与理念之间。黑格尔区别了两个概念，第一是作为概念的概念（纯思想），第二是介于实在与概念之间的数，数仍然没有摆脱感官事物。正是在这个意义上，黑格尔认为毕达哥拉斯哲学构成感官事物与超感官事物之间的一座桥梁。

> 毕达哥拉斯在哲学史上，人人都知道，站在伊奥尼亚哲学家与爱利亚派哲学家之间。前者，有如亚里士多德所指出的，仍然停留在认事物的本质为物质的学说里，而后者，特别是巴曼尼德斯，则已进展到以"存在"为"形式"的纯思阶段，所以正是毕达哥拉斯哲学的原则，在感官事物和超感官事物之间，仿佛构成一座桥梁。①

数是万物的本原，这一说法听来便觉得乖戾，下意识

---

① 黑格尔：《小逻辑》，贺麟译，商务印书馆，2016，第231页。

想怒斥毕达哥拉斯太偏于唯心了，这是任何一个朴素的唯物论者的本能反应。这一点黑格尔早已洞见，但是黑格尔的观点可能令唯物论者惊愕，他说毕达哥拉斯哲学并不是太偏唯心，而是还不够唯心！毕达哥拉斯哲学不是跑得太远了，而是跑得还不够远，还没有达到纯思的境界，仍然滞于感官事物。康德认为一切数学的最高命题是先天综合判断，而不是先天分析判断，即在于数学的成立依赖于直观，符合康德经验范围内之科学的标准。事实上，如果数完全摆脱了感官事物，摆脱了直观和经验，那么康德也就不会将数学视为科学了。

2. 数学帝国主义统治着现代人的头脑

当量成为绝对的基本规定时，那么绝对就会成为一种绝对的无差别，一切区别就会是量的区别，随着交往的发展，质的区别、规定消失了。马克思在《资本论》中把黑格尔逻辑学的量的思想进行了发挥：每一商品的自然属性和其他商品总是不一样的，因为不同产品之间的质不一样，但是由于交往的需要，它们的质必须被扬弃，必须变成在质上等同而只是在量上不同的商品，这样它们才能够按照一定的量的比例互相计量和互相替换。

黑格尔的逻辑学从质开始，质的扬弃变成了量。量与质相比，量不再与存在具有同一性，而是外在于存在。表面上看来，质比量更重要，但实际上，质并不重要，重要的是量。以商品为例，作为质的商品是无法比较的，从而也无法交换，商品与商品之间之所以能够交换即在于扬弃了产品的质的规定而变成只有量的差别，这就是从商品的自然属性、使用价值过渡到商品的交换价值。量原本是外在于商品的，但是在商品普遍化的社会中，量（交换价值）变成了本质性的规定，使用价值反而变成交换价值的物质承担者，最后商品的自然性质成为外在于商品的规定。当商品范畴成为社会的普遍范畴时，量的思想也战胜质的思想成为现代社会的普遍力量。仰海峰教授在《〈资本论〉的哲学》中说："（黑格尔的逻辑学）先从质开始，然后转向量，这非常符合资本主义社会中商品的存在方式。我有时甚至想问，黑格尔是否真的就是按照商品交换的逻辑来构建自己的哲学的？"[1]

商品是现代社会最普遍、最抽象、最一般的规定，随之而来的是量的思想在我们的思想中占据了支配地位。我们甚至把他们提高到绝对范畴的地位，在社会科学的研究中，数学帝国主义已经形成，没有数据支撑的思想总是被怀疑是否科学，一个简单的道理（如雾霾影响人类身体健康）也要通过一连串数字呈现才能使人信服。而那些不能被衡量，不能被计算，不能在数学公式、统计方法中被呈现的对象也就逐渐淡出人们的视线。自由、道德、民主、上帝、爱情，这些对象无法在数学中被呈现出来，于是要么满足于模糊的表

---

[1] 仰海峰：《〈资本论〉的哲学》，北京师范大学出版社，2017，第137~138页。

象,要么干脆否认其存在,而只把那些可以计量的对象视为现实之物。第二次世界大战后,行为主义政治学代替古典政治学,以定量研究代替定性研究,政治学从此变成数学政治学,走向精确化、量化,自由、国家等传统政治学概念被治理、政治系统等代替了。在如今的社会科学领域,如政治学、社会学,非常看重数学的基础作用,社会学、政治学的传统本身已经无足轻重了。提出一个假设,利用数据做回归分析,最后验证,一篇论文即成,一切社会科学都变成了数学。

量的思想的支配性地位不仅仅是在学术研究领域,在现代人的生活中,量也成为主导形式。对于成年人而言,货币是可以被计算的,货币之外的道德、亲情、爱情、信仰由于不能量化而被边缘化。在现代人的婚姻中,几套房、几辆车、多少存款、身高、体重以及年龄等,这些都可以被量化。在现代社会,与其说是人与人结成婚姻,不如说这是数字与数字的联姻。爱情、亲情被量化了,可计算的部分成为首要关心的,但那些不可计算的,也许恰恰是事物最本来的样子。

3. 凡物莫不有尺度

尺度是质与量的统一,凡物莫不有尺度。尺度意味着定在的量的增减不影响它的质,同时也意味着不影响质的量的变化有一定限度,一旦超过其限度,就会引起质的变化。水的温度变化一般不影响水的液体性,但是一旦超过沸点,液体的水就会变成蒸气，低于冰点，则会变成冰。从头上揪下几根头发并不会变成秃子，但这也是有限度的，超过一定的限度，就变成秃子了。

尺度也是对于绝对的一个定义。在中世纪有人说，上帝是万物的尺度，或者说，上帝赋予一切事物以尺度。存在是完全抽象而无规定的，混沌无规定，在尺度中，存在达到其完成的规定性。黑格尔说：

> 举凡一切人世间的事物——财富、荣誉、权力，甚至快乐痛苦等——皆有一定的尺度，超越这尺度就会招致沉沦和毁灭。[1]

一般情况下，量的改变不影响它的质，但是一旦超出某一尺度，就会引起质的改变。掉一根头发、两根头发不会变成秃头，但是量变仅仅在一定尺度内不影响质，超出一定尺度，量变将引起质变。任何事物只能在一定的尺度中保持，超过这一尺度则可能由量变产生质变，乐极生悲，爱极生恨。

---

[1] 黑格尔:《小逻辑》，贺麟译，商务印书馆，2016，第235页。

// 本 质 论 篇

透过现象看本质

[第 112~114 节]

事物的直接存在,依此说来,就好像是一个表皮或一个帷幕,在这里面或后面,还蕴藏着本质。

——黑格尔:《小逻辑》,第 243 页

1. 本质论是对一切直接事物的扬弃

本质论者认为,我们必须把世界在本质上如何与看起来如何加以区分。从存在论到本质论,其转变幅度之大不啻一个不谙世事的少年摇身一变,成为一个世事洞明的老者,不再从表面如此去认识这个世界,不再把直接的存在当作世界的真理,而是透过现象看本质;不再把直接的社会规则当作真理,而把社会运行背后的潜规则作为其行为的准则。存在论是黑格尔逻辑学的第一阶段,属于直接性的范畴,本质论是逻辑学的第二阶段,属于间接性的、中介的范畴。在存在论中,我们直接把眼前的直接存在视为事物最后的、绝对的规定,在本质论中,我们相信一切事物都不如其表面那样,事物的背后还蕴藏着本质。存在论者看山是山、看水是水,坚信其眼前所看见的一切，从不怀疑一个人做某事的动机，从不思考一件事背后的缘由；而本质论者看山不是山、看水不是水，常常告诫自己或他人不要被表象所迷惑，凡事打破砂锅问到底，"事出反常必有妖"，"透过现象看本质"，一切事物的发生都不是偶然的，而是有原因的，因果律是本质论者的教条之一。原因与结果也是黑格尔逻辑学本质论阶段的范畴之一。

从存在论到本质论，存在被扬弃了。本质出场时，存在便被揭穿，以至沦为假象，我们由此知道事物不是它们直接所表现的那样。

> 当我们一提到本质时，我们便将本质与存在加以区别，而认存在为直接的东西，与本质比较看来，只是一假象，但这种假象并非空无所有，完全无物，而是一种被扬弃的存在。①

存在论阶段的范畴是单个的，如有、无、质、量，本质论阶段的范畴是成双成对的，如内与外、整体与部分、因与果、力与力的表现。有、无、质、量固然也是有联系的，但是这种联系是潜在的，通过我们的反思才能发现存在论各个范畴之间的联系，就其直接性来看，存在论的各个范畴是独

---

① 黑格尔：《小逻辑》，贺麟译，商务印书馆，2016，第243页。

立的,"有"是独立的,"无"也是独立的。而本质论中的范畴都处在关系之中,如整体与部分,单独就部分自身而言是没有意义的。

存在论之中的范畴是过渡的,从某物到别物,从而某物便消逝了,每一范畴都是对绝对的表达,如存在、自在存在、自为存在,从自在存在过渡到自为存在,自在存在便被扬弃了;但是本质论之中的范畴是相互联系的,并不是过渡,从原因到结果不是过渡,而是相互联系,本质论中的范畴在双方相互中介之中存在,无法单独存在。

2. 本质论是知性思维方式

存在是潜在的概念,本质是设定起来的概念。之所以说本质是设定起来概念,是因为本质论中的各个范畴是抽象的、第二性的。比如本质论中的因果关系,太阳出来与石头发热之间的关系是设定起来的,即依靠因果关系设定起来的,从直接感官来看是不存在的,是反思得来的规定。在马克思的《资本论》中,使用价值是商品的自然属性、直接的存在,价值是商品的被设定的存在,价值是中介的存在,任何商品必须通过社会的中介才能有价值,在商品的直接性中是看不出价值的,价值是在社会中被设定的。虽然本质是设定起来的,但并不代表它不如直接的存在重要,恰恰相反,在本质论中,存在本身变成了无足轻重的,如同在资本主义社会，设定起来的价值扬弃了商品的自然规定，直接的使用价值反而被边缘化，价值与商品之间形成更深刻的同一性，直接存在成为中介存在的载体。

本质论将绝对规定为本质，但是本质又是设定起来的概念，所以绝对成为被设定起来的存在，这种设定必定是抽象的，如因果、实体与偶性等范畴，如此一来，绝对便成为抽象的存在。现代社会之所以是抽象社会，这与商品的本质是分不开的：商品的直接性规定是丰富多样的，但是商品的本质规定，即价值却是抽象的，价值是设定起来的商品属性，当商品成为现代社会的普遍范畴时，价值的抽象性也变成了整个现代社会的抽象性。当"值得多少钱"的问题被用来追问一切事物时，现代社会的抽象性、片面性的特点暴露无遗。许多事情不该如此片面、抽象地看待，如人的感情、生命的意义、道德的崇高、审美等，但如今商品的抽象却成为一种统治力量，塑造现代社会，也塑造现代人的心灵。

现代性既是商品、资本的抽象统治成为普遍命运，也是知性思维笼罩思想界，因此，现代性是资本与知性思维的共谋。[①] 什么是知性思维？知性思维就是借助设定起来的范畴，如因与果、力与力的表现等去认识万事万物。在社会科学的研究中不乏知性思维，比如以抽象权力关系（统治与被

---

① 吴晓明：《论马克思对现代性的双重批判》，《学术月刊》2006年第2期。

统治）去理解一个社会、一个群体。本质论是知性思维的典型，是知性借以认识世界、自由与上帝的工具。当一个人把上帝当作第一因时，那他实际上是以因与果范畴来认识上帝；当一个人将上帝视为"第一推动力"时，其运用的是本质论的"力与力的表现"范畴。

3. 本质论神学支配下的上帝徒具空名

黑格尔反对用知性思维去理解理性的对象，世界、上帝与自由，同样，黑格尔认为本质论不足以表达上帝。一般的宗教或者图腾崇拜的特点是将有限事物（如风、牛等自然事物）提高到绝对的位置，而犹太教、天主教将上帝看作唯一的主与最高的本质，上帝确实成了普遍而无可抵抗的力量，但是这样的上帝却是抽象的、远在彼岸的，上帝只是徒具虚名。与自然宗教相反，犹太教、天主教未能给予有限应有的地位。黑格尔的这一点表明了他对加尔文新教的倾向，加尔文曾经说过，要在有限的事物和世俗生活的遭遇中发现上帝的荣耀。黑格尔的意思不外是说无限的上帝就在有限的自然、日常的人伦之中。

黑格尔说："对于上帝的真知识是起始于知道任何事物在它的直接存在里都是没有真理性的"。[①] 在西方哲学诞生的

[①] 黑格尔：《小逻辑》，贺麟译，商务印书馆，2016，第246页。

古希腊时期，赫拉克利特、柏拉图等人都认为感性事物是变动不居的，感性事物永远处在流变之中，无从捉摸，扬弃直接的感性事物而寻求永恒不变的本体是西方形而上学历史的开端，也是西方基督教诞生的思想基础。本质论是对一切直接事物的扬弃，是西方思想的重要环节，发端于古希腊，基督教神学与现代科学是本质论支配思想的表现。

本质论在思想中的支配地位必然影响我们的生活方式。人们常习惯于说人之为人取决于他的本质，而不是他的外表和直接的行为，"我终于看清了一个人的本质"，多半来自被某个人的表象伤害后的痛彻领悟，以此促成人的成长，从懵懂少年变成老练的成人。但是黑格尔说，不可局限于抽象的本质之中，只有当本质和内心表现为现象时，才是真正的本质和内心。

> 譬如，人们常习惯于这样说，人之所以为人，只取决于他的本质，而不取决于他的行为和他的动作。这话诚然不错，如果这话的意思是说，一个人的行为，不可单就其外表的直接性去评论，而必须以他的内心为中介去观察，而且必须把他的行为看成他的内心的表现；但是不可忘记，本质和内心只有表现成为现象，才可以证实其为真正的本质和内心。[1]

---

[1] 黑格尔：《小逻辑》，贺麟译，商务印书馆，2016，第246页。

本质只有表现为现象才是真正的本质，没有表现出来的邪念不能称作罪恶，论人之非，论迹不论心；没有表现出来的内在才华并不是真正的才华，所以，无须同情那些怀才不遇的士子。

本质论一旦滥用则可能适得其反，寻找本质看似深刻，但是往往在现实世界中沦为肤浅，试图为每一个人找到一个有限的本质，这尤其流行于头脑简单的人中。"脸谱化""诛心论""阴谋论"的盛行都是本质论过度使用的结果。每一个人都不会被某种有限的本质所规定，如果这样的人存在，或者是病人，或者在文艺创作中才存在。而且人的一言一行并不都是在知性思维的支配下进行的，感性、激情、习惯在人的行为中可能发挥着更为基础的作用。

黑夜里所有的牛都是黑的

[第115~116节]

我们常认为哲学的任务或目的在于认识事物的本质，这意思只是说，不应当让事物停留在它的直接性里，而须指出它是以别的事物为中介或根据的。事物的直接存在，依此说来，就好像是一个表皮或一个帷幕，在这里面或后面，还蕴藏着本质。

——黑格尔：《小逻辑》，第243页

1. 黑夜里所有的牛都是黑的

存在论各个阶段的范畴并无直接的联系，而本质论各个阶段的范畴则是相互联系的，一个范畴必须与另一个范畴联系才有意义，否则只是抽象空洞的规定。在这里，没有真正的别物，一切都是相对的，范畴必须成双成对地理解。本质论的第一个范畴——同一，理解起来十分困难，既有东西方文化差异从中作梗，也有方式不当的原因。我们再不能像理解存在论那样，从一个范畴到另一个范畴进行推演，把握一个范畴再往后推进，攻城拔寨，以至无穷。本质论阶段要求我们有一种全局思维，在对方中来理解自身，没有对方的自己是抽象的自己，没有差异的同一、没有内容的形式、没有原因的结果，都是一种抽象，只有在思维的抽象中才能出现。正如马克思在《1844年经济学哲学手稿》中所说的那句话：非对象性的存在物是非存在物。① 言下之意是说，这种物只是思维抽象出来的存在物，真正讲来，并不存在。

本质论的第一个阶段是纯粹反思规定阶段，这其中又包含同一、差别与根据三个环节。"同一"是本质论的第一个范畴，与存在论的第一个范畴"存在"本是一物，但是"同一"是通过扬弃存在的直接规定性而变成的，所以"同一"是理想性的"存在"。

同一范畴、同一律、同一性等已经进入大众思想之中，但是大众对于同一却可能存在极大的误解。依黑格尔所言，同一是一般人难以企及的思想境界。黑格尔说：

> 我们首先必须特别注意，不要把同一单纯认作抽象的同一，认作排斥一切差别的同一。这是使得一切坏的哲学有别于那唯一值得称为哲学的哲学的关键。真正的同一，作为直接存在的理想性，无论对于我们的宗教意识，还是对于一切别的一般思想和意识，是一个很高的范畴。我们可以说，对于上帝的真正知识开始于我们知道他是同一——是绝对

---

① 《马克思恩格斯全集》（第3卷），人民出版社，2002，第325页。

的同一的时候。①

一些人之所以难以理解黑格尔逻辑学的"纯存在"以及"同一"(纯反思规定),即在于中国普通民众缺乏西方的宗教意识,完全明白不了基督教中的上帝——而一旦有所领悟则又可能变成基督徒——距离反省与超越宗教意识的黑格尔哲学就更远了。黑格尔的逻辑学并非单纯讨论语言、概念、知识论、普通逻辑等问题,其背后是对宗教、伦理以及安身立命的世界意识的深刻关切,这也给我们暗示了一些侧面(宗教、伦理等)理解黑格尔的途径。黑格尔说,一旦知道上帝是同一,则我们就会明白世间一切力量与荣光在上帝面前尽皆消逝,它们不过是上帝的力量与荣光的映现罢了,世界与上帝具有同一性。因此同一并不是与差异相对立意义上的同一,而是包含同一与差异的绝对同一,一切差异都是绝对同一的环节。绝对同一,比如资本,在资本主义社会,资本是普照的光;又如民族精神,一个民族的绘画、音乐以及文学等,无不是该民族之精神的流露。

同一律,即A等于A,这无人不知,但同一律究竟表达了什么却言人人殊。未受过逻辑学教育的人也许只觉得这是一句意义不大的真理;熟悉近代哲学的人则将同一律当作一

---

① 黑格尔:《小逻辑》,贺麟译,商务印书馆,2016,第270页。

切科学知识的基础，分析命题的真理基础正是同一律。乍一看，黑格尔的解释极其深刻，他说同一律不过是同语反复的空话。黑格尔批判谢林时所举的例子——"黑夜里牛都是黑的"——表达了黑格尔对同一律的态度。在海德格尔看来，同一律的公式 A 等于 A 恰恰掩饰了这个定律所要说的东西，在他看来，同一律所真正要表达的是每一个 A 本身是同一的，A 是 A。① 依着海德格尔的说法，则我们将会明白同一哲学的敌手是怀疑主义，比如赫拉克利特说，"人不能两次踏进同一条河流"，以及他的弟子克拉底鲁所说的"人一次也不能踏进同一条河流"，前者怀疑的是不同时间中河流的同一性，后者怀疑的是河流本身的同一性。

同一性在西方哲学中地位极其重要，而西方后现代哲学大多对同一性进行了批判，后现代哲学主张差异，反对同一和本质。同一是本质论的第一个范畴，本质首先是同一，因此，同一在反本质的后现代哲学中成为被攻击的靶子也在情理之中。

2. 没有任何事物按照同一律而存在

同一范畴常被知性地理解，同一就是同一，同一脱离差别，这种同一在黑格尔看来就是知性的同一或者形式的同

---

①《海德格尔选集》下册，上海三联书店，1996，第 647 页。

一。抽象是黑格尔哲学中经常出现的一个词，但很多人不知所云，仅将抽象等同于晦涩难懂。事实上，理解抽象的核心是理解同一，理解形式的同一。抽象即是形式的同一，将本身具体的事物转化为简单的形式。晦涩难读只是抽象的结果，因为它排除了多样性的感觉经验，而只以简单的甚至是单一的形式建立起与事物的同一。

知性的抽象作用丢掉事物所具有的绝大部分多样性，而只取其中一种，这就是形式的同一。形式的同一就是抽象的同一，这也是普通人对思维的看法：思维活动不过是一种抽象的同一。如果是这样的话，那么普通人对思维或者说思想事业的批判则是正确的，大可批判思想事业只是抽象的，大可基于感觉与直观的立场扬言"理论是灰色的，生命之树常青"。在黑格尔看来，这都是建立在对思想不恰当的看法之上，错把思想当作抽象的同一。黑格尔将这种思想、思维看作知性思想、知性思维。在黑格尔哲学中，知性只是思想的一个环节，从感性、知性的扬弃所达到的理性才是具体的真理。

区分抽象的同一与具体的同一是理解黑格尔同一观的关键，具体的同一才是黑格尔所说的作为较高范畴的意识。具体的同一是包含差别于自身内的同一，绝对的同一包含绝对的差别于自身内。一些人认为虽然同一律（抽象的同一）不能证明，但是每一个思想意识都依此而行。黑格尔认为，恰恰相反，生活中没有人说"星球是星球""磁力是磁力"，也没有任何事物按照同一律而存在。日常生活中的普通命题并不是 A 等于 A，而毋宁说是 A 等于 B，譬如，我们不会说"太阳是太阳"，而说"太阳是热的"，后者是同一与差别的结合，同一与差别的结合才能表达真理，纯粹的同一只是一种抽象的空洞的存在。

真正的同一就是具体的同一，就是包含差别的同一，因此绝不能脱离甚至在差别的对立面理解同一，否则同一本身都是无法立足的。同一与差别二者都不能够独立自存，不包含差别的同一是没有任何意义的。当一个人问你"谁是黑格尔"，你说"黑格尔就是黑格尔啊"，依照这种同一律进行回答，"黑格尔"是抽象的、毫无内容的！只是一个空洞的语言词语。当你说，"黑格尔是德国哲学家"，同一之中包含差别，这个命题才是有意义的。正因为此，黑格尔说，任何分析命题都包含综合命题。在本质论中，"同一"之后就是"差别"，也许你仍然停留在存在论阶段，提出：同一是如何过渡到差别的？这个提法就是错误的。前面已经说了，本质论阶段的范畴是相互联系的、成双成对的，这里的任何一个范畴都不能独立自存，从这里便可以体会本质论的特点。当你提出"同一"如何过渡到"差别"，你便是把抽象的同一视为独立自存之物，也把脱离同一的差别视为独立自存之物，但是这样的"同一"（脱离差别的同一）与"差别"（脱离同一的差别）毫无内容，只是一个空名罢了。同一是一种自身联系，真正的同一是否定的自身联系或者自己与自己相差别，排斥差别的同一则是一种抽象的肯定的自身联系，毫无内容，只是一个空名。

哲学就是要扫除各不相涉的外在性

[第 117~121 节]

譬如,人们说,我是一个人,并且在我的周围有空气、水、动物和种种别的东西。这样,每一事物都在别的事物之外。与此相反,哲学的目的就在扫除这种各不相涉的〔外在性〕。

——黑格尔:《小逻辑》,第 258 页

1. 世界上没有两片完全相同的叶子

当一个人运用同一律进行言说时,并不是为了表达同一,而是为了表达差别,譬如诗人说,海是海,风是风,月是月,这实际上已经在表达差别了。我们所听到的不是同一,而是差别。

首先,差别表现为直接的差别,或者说外在的差别,这种差别即是比较者,包含相等与不相等两个范畴。其次,反思的差别、本质的差别则是对立,包含肯定与否定两个范畴。外在的差别与本质的差别是不同的,用数学语言来说,前者是互斥关系,后者是对立关系;或者说,前者对应着差异律,后者对应排中律。

与比较的事物相同一即是相等,与比较的事物不同即是不相等。知性思维坚持认为相等只是同一,不相等只是差别。但是黑格尔强调,无论相等还是不相等,都建立在同一基础上。非同一基础上的事物之比较是没有意义的,不相等也以同一为基础。马克思在《资本论》中对市场中的铁与麻布进行比较,其前提便是以设定起来的价值为同一性基础,没有价值同一,二者是无法比较与交换的。不同商品之间的自然属性差异在商品交换中并没有什么意义,更不能为比较与交换提供条件。

在差别环节,黑格尔主要论及的是莱布尼茨的相异律及其背后的单子论哲学。莱布尼茨曾言,世界上没有两片完全相同的叶子,也没有两个完全一样的鸡蛋。由于莱布尼茨是宫廷参议,据说,当他提出这个说法时,一些卫兵与宫女纷纷走入御园,试图去寻找两片完全没有差别的叶子,以此推翻莱布尼茨的说法。黑格尔说:

> 须知,他所谓异或差别并非单纯指外在的不相干的差异,而是指本身的差别,这就是说,事物本身即包含有差别。①

---

① 黑格尔:《小逻辑》,贺麟译,商务印书馆,2016,第254页。

黑格尔所言，并非空话，找到两片在外表上完全相同的叶子确实是对付莱布尼茨的法门，但是莱布尼茨要表达的不仅仅是外在的差异，更是说世界上的任何一个东西都是绝对的个体性，每一物体不仅外在不同，而且内在性质也是不同的，这就是莱布尼茨的单子论。单子论既不同于斯宾诺莎的实体论，也不同于近代的原子论。在斯宾诺莎那里，只有唯一的实体，其他存在都是暂时的。在近代原子论那里，原子与原子之间是同一的。莱布尼茨的单子是个体的实体，每一实体都是本质不同的，整个世界由多样的、个体的实体（单子）构成基本图式。黑格尔在《哲学史讲演录》中将莱布尼茨的单子论最后归结为两大原则：个体性原则与不可分割性原则。因此，莱布尼茨的相异律不仅仅是说世间每一事物外在地不同，而且本质地不同，因为每一单子本身具有个体性，构成世界的每一单子本质上不同。

2. 哲学就是要扫除各不相涉的外在性

差别并不是多么高明的思想范畴。一个人能区别一本书和一支笔，一碗水和一头牛，大概没有人会为之称赞。恰恰相反，如果称赞一个人能够区别这些事物，这是对一个人的嘲笑，不啻说这个人是傻瓜。

黑格尔主张的是能够看出同中之异与异中之同。同中之异的比较研究在现在自然科学中比较盛行，不断地发现越来越多的元素、力,从分子、原子、质子到粒子,物理学对世界的考察,其对象越来越细小,在同一单位中找出有差别的对象是物理学得以进展的前提之一。对于黑格尔而言,思辨哲学则是要寻求异中之同。事实上,黑格尔哲学的一个极其重大的原则是同一性原则,"认识一切特定存在着的事物之间的内在统一性"贯穿黑格尔逻辑学的始终。黑格尔告诉我们,必须认识到世间每一事物都不是独立自存的,自己与外在世界、社会的对立,精神与自然的对立,这些都是虚妄不实的,必须认识到多样性及个体性事物的同一。这个原则,其实也就是我们中国人所说的"万物一体""民胞物与""天人合一"等观念所包含的同一性原则。佛教讲的"执念"也是如此,讲究去掉太多的分别心和过于强烈的执念,放下"小我",认识"大我"。"大我"即是佛,即是天,即是绝对精神,即是基督教中的上帝。前现代的人们,只是在征服自然,寻求的是自然的承认,物与人的差别心是首要的,其解脱在于放弃我与物的分别,达到物我一体的境界是彼时的哲学风尚。现时代的我们,在寻求他人承认的驱动下,不仅仅是要放下我与物的分别,而且要放下我与他人的分别,要将社会看作一个能动的实体,自己与斗争对手都不过是社会进展的环节,如此方能进入天人合一之境界,这决定了现代人所面对的精神挑战更为严峻。

本质的差别是对立,在对立中,每一方不仅仅是一个比较者，也不是一个普通的他物，而是正相反对的他物。更具体来说，对立双方谁也离不开谁，只有在与对方的联系中才能获得自己的存在。知性思维对此进行了曲解，并提出了排中律，认为每一事物对于一切对立的谓词只可具有其一，不可具有其他，不可两者兼有。一个事物要么是A，要么是非A，在黑格尔看来，虽然这种非此即彼的思维在部分领域有其适用范围，但在世界上并没有这种"非此即彼"的抽象东西。按照排中律，则世界要么是红色，要么是非红色；资本要么是绿色，要么是非绿色，以此类推，这是没有任何意义的。

排中律意在排除矛盾，但是黑格尔认为矛盾是这个世界的原则。物理学中的"两极"观点包含着矛盾的原则，如果依照排中律，则一个物体要么是正极，要么是负极，但是我们可以看见，磁铁中并不是一半是正极，一半是负极，磁铁中包含着矛盾的双方，无法独立自存，任何一方也离不开对方。矛盾原则已为当代国人所熟知，但仅知矛盾原则是不够的，除了认识到任何事物包含矛盾，还必须认识到事物的矛盾会自己扬弃自己，扬弃的结果并不是抽象的同一，而是一个新的主体的诞生。如逻辑学中，认识到同一与差别的矛盾是不够的，还必须认识到扬弃同一与差别的根据。再如在马克思主义的思想中，认识到资本与劳动的矛盾是不够的，还要认识到扬弃这种矛盾的共产主义，而共产主义社会对资本主义社会对立双方矛盾关系的解决并不是抽象的解决，不是劳动代替资本或者资本取代劳动,而是将资本与劳动扬弃为自身的环节。

对立原则所指的并不是单纯的差异,而是差异之间的同一。通常,人们把相异的事物看作不相干的,我是一个人,我的周围是空气、水、植物等,我与这些事物是相异的,每一事物都在别的事物之外。黑格尔说:

> 与此相反,哲学的目的就在扫除这种各不相涉的〔外在性〕,并进而认识事物的必然性,所以他物就被看成是与自己正相对立的自己的他物。①

哲学就是要扫除各不相涉的外在性,认识到他者并不在我之外,他者内在于自身,他者是自己的他者,没有这些貌似外在的物,我是无法独立自存的,我与这些物之间具有本质的关联。依黑格尔所言,我与世界并非外在,也不是简单的休戚与共之关系,而要在经过知性思维的抽象、分离运动后,重新建立同一,明白我就是世界,世界就是我。此时的哲学已包摄现代科学于其中,而不是如谢林哲学那样建立抽象的同一,经过看山不是山,看水不是水的苦恼,又回到看山是山,看水是水的仁乐境界,一种万物一体的哲学便出现了。

---

① 黑格尔:《小逻辑》,贺麟译,商务印书馆,2016,第258页。

一切腐败的事物都可为它的腐败说出好理由

[第 121~124 节]

世界上一切腐败的事物都可以为它的腐败说出好的理由。当一个人自诩为能说出理由或提出根据时,最初你或不免虚怀领受,肃然起敬。但到了你体验到所谓说出理由究竟是怎样一回事之后,你就会对它不加理睬,不为强词夺理的理由所欺骗。

——黑格尔:《小逻辑》,第 265~266 页

1. 世界上一切腐败的事物都可以为它的腐败说出好理由

同一与差别的统一,其结果并不是偏于任何一方,也不是抽象的"统一"本身,而是有一个确定的结果,这个确定的结果是根据。根据是在同一与差别的辩证运动中新生成的主体,以解决旧有的矛盾。正如,在马克思政治辩证法中,资产阶级与无产阶级之矛盾的解决,并不是像18世纪早期的空想社会主义者那样让所有的人都变成无产阶级。在马克思的共产主义中,阶级本身将消失,阶级本身的划分已经丧失意义。再如,在政治学之中,民主与专制的矛盾,其解决也不是偏于任何一方,纯粹的民主和纯粹的专制是一种

抽象，实际上并不能真实存在，法治是民主与专制矛盾的解决，法是主权者的意志，同时又是由主体意志外化而形成的必然的强制力。守法对于民众来说既是遵循自己的意志，体现民主，又服从了一种强制力，体现了专制。"民主与专制的统一"听起来确实是一句矛盾的话，但其所指的并不是矛盾本身，而是矛盾的结果，即法治。

"根据"作为逻辑学的一个范畴，代表着一种观点，这种观点认为一物的存在不在自身内，而在于他物之内，这个他物是与其自身同一的本质。根据就是内在的本质。首先，根据是更高阶段的同一，根据是与某物的存在相同一的本质；其次，根据还包含着差别，对于同一的内容，我们可以提出有差别的根据。

人是有理性的动物，其表现之一是凡事都认个理，做事需要一个理由（根据），疑问句——凭什么和为什么——经常出现在人们的对话之中，人需要一个理由来支撑他们的行动。女朋友问你今晚去哪里吃，你直接说某个餐厅，女朋友可能不会想去，但是如果你加上几条根据，那这事基本就成了。因此，如果试图在社会中拥有影响别人行动的能力，那就首先要拥有寻找不同根据的能力，因为人总是想要自己行动的依据。古希腊的诡辩派并没有什么神奇的地方，他们做的不过是寻找事物的根据，黑格尔说：

> 当时希腊人感觉到一种需要,即凡他们所承认为可靠的事物必须是经过思想证明过的。为了适应这一要求,诡辩派教人寻求足以解释事物的各种不同的观点,这些不同的观点不是别的东西,却正是根据。①

根据意味着同一,根据的规律宣称事物本质上必须被认作是中介性的,事物的存在不是自足的,其本质在于他物之中,即在于本质之中,一切事物都是中介性的存在,一切事物具有两面性,直接性与间接性,间接性即是与本质同一的根据,这是一种反思的观点。但是这种观点在黑格尔看来也可能陷入形式主义,当我们看见电流现象时,而询问其原因(根据),得到的答案是:电是电流的根据。这种反思的观点并不能使黑格尔满意,黑格尔认为这不过是把当前直接见到的同一内容,翻译成内在的形式罢了。

诡辩得以立足的前提在于事物本身有不同的甚至是对立的根据,这就是说根据是有差别的,同一内容有不同的根据。以现代社会中的"杠精"为例,你说东,他就说西,对任何事都可抬杠,其基础在于任何东西都包含着"东"与"西"两方面甚至更多的方面。任何同一事物,其本质具有多

---

① 黑格尔:《小逻辑》,贺麟译,商务印书馆,2016,第264~265页。

种差别的根据。普通的杠精没什么好说的，稍具反思能力的人就能够说出事物的其他一面，这并不需要多高的智力，甚至是个人就能抬杠。在古希腊，诡辩派就是真正的杠精，他们教人寻求解释事物的不同立足点。

黑格尔说，世界上一切腐败的事物都可以为它的腐败说出好理由。杠精可以为一切东西辩护，也可以反对一切东西，自诩有能力提出不一样的观点，也许你一开始不免被他震慑住，但当你明白他所说的观点是什么的时候，你就会对他不加理睬。根据的差别或者说世界上任何事物本身的矛盾是杠精存在的基础。另外，辩证法教人看到事物的矛盾但又不可陷入诡辩派（杠精）的境地，这个问题困扰着辩证法谱系中的思想家，直到毛主席提出"抓住主要矛盾"和"矛盾的主要方面"，这个问题才算得到了解决。"主要矛盾论"在辩证法思想的历史中所具有的地位须从这里才可得到恰当的理解。

2. 从抽象上升到具体的方法

本质是自身反映、自身同一和自身中介，是作为一个中介过程的总体，本质扬弃自身即是对中介过程的扬弃，再次回到直接性，回到存在，经过本质的中介过程的存在即是实存（Die Existenz）。Existenz 的词根具有从某种地方、某物发展出来的意思，实存就是从根据发展出来的存在，是经过中介过程才恢复的存在。这个从纯粹本质到实存的过程后来被马克思在《1857—1858年经济学手稿》中总结为从抽象上升到具体的研究方法：资本是现代社会的总体和普照光，资本自身是一个中介过程，理解现代社会的任何实存，必须从资本逻辑而不是直接的性质来理解它们，仿佛这些实存是从资本而来。

纯粹本质的最后环节是根据，根据不是抽象的同一，根据必须扬弃自身而产生实存。黑格尔说：

> 根据便是对它自身的扬弃，根据扬弃其自身的目的、根据的否定所产生的结果，就是实存。这种由根据产生出来的实存，也包含有根据于其自身之内，换言之，根据并不退藏于实存之后，而正只是这自身扬弃的过程，并转变其自身为实存。[①]

在马克思的思想中，资本逻辑相当于根据，但是资本逻辑也并不是抽象的本质，资本必须扬弃自身成为资本主义社会中的实存，如雇佣劳动制度、企业制度、银行制度等。根据是实存的世界在反思里的形态。黑格尔进一步认为根据并不是抽象的内在之物，而是实际存在的东西。他将一个

---

① 黑格尔：《小逻辑》，贺麟译，商务印书馆，2016，第267页。

民族的伦理传统和生活方式视为一国宪法的根据,伦理传统与生活方式并不是抽象的内在之物,我们可以在一国的宪法实践中了解一个民族的伦理传统和生活方式,后者并没有消失,而是一种能够产生后果的实际存在的东西。在资本主义社会,资本逻辑也并不仅仅是资本主义社会的内在抽象,资本逻辑已经成为一种能够产生后果的文化和一种有力量的存在。甚至可以说,虽然资本是抽象,但是抽象本身成为一种统治力量。

在实存的世界里,各种实存既自身反映,又互为对方的根据,既制约他物,又为他物所制约。现代社会的诸多制度可以说是黑格尔所说的实存,各种制度之间相互制约,很难说哪种制度是最重要的,各种制度互为根据与后果。现代社会科学作为一种知性科学,不过是要去发现各种制度之间的联系,而黑格尔所特别看重的是各种制度联系的目的,而这已经超出知性科学的范围了。

实存与根据的统一是物、事情（Das Ding）。一件完整的事情必须包含根据与后果,后果实际上就是根据否定自身所产生的结果；一物也必须包括该物赖以存在的根据及其实存。黑格尔在此提到了康德的"物自体"概念,康德认为"物自体"不可知,在某种意义上是对的,因为就具体规定性而言,物自体只是极端抽象、毫无规定性的东西。但在黑格尔看来,只坚持物自体而不问其他是知性的偏见,理性的哲学不该停留于此。正如人自身就是婴儿，但是婴儿的目的就在于超出他的抽象的尚未充分发展的"自在"和"潜在"，把最初是自在的东西，变成自为的，成为一个自由而有理性的人。种子是植物自身，是植物的尚未发展的抽象阶段，但这并不是植物的终极阶段，凡物莫不超出单纯的自身。

无形式的质料是抽象理智的结果

[第 125~129 节]

因此,我们说把质料孤立起来,认作一种无形式的东西,仅是一种抽象理智的看法,反之,事实上,在质料概念里就彻底地包括有形式原则在内,因而在经验中也根本没有无形式质料出现。

——黑格尔:《小逻辑》,第 274 页

1. 先验唯心哲学把事物的一切规定都挪到主观之内

物的最初阶段或者说潜在阶段即是物自身。植物是物,但是植物并不是一成不变的,从一粒种子到嫩芽和青苗,长成参天大树,最后变成沧桑枯木。我们之所以把它们看作同一棵树,就是因为要从同一性的观点来看待任何事物,否则人一次也不能抓住同一棵树,一次也不能踏入同一条河流。如果没有同一,我们则看不见任何事物,只有无数的杂多以及瞬息万变的存在。任何事物都随着时间而变动,思想一次也抓不住对象,则知识不可能了,因为知识是固定的,如此,哲学也变得不可能了。从种子到参天大树再到枯木,从婴儿到青年人再到老年人,我们之所以将其视为同一物

(人），即在于我们认为差异的事物具有同一性。当然，我们已经看到了同一事物包含了差异，正如人包含了婴儿、青年人、老年人，那我们该如何处理这种同一与差异呢？

黑格尔引入目的论，以解释事物的同一与差异：凡物莫不超出其自身，任何事物都内在地具有实现自身潜能的目的。因此，在事实上，黑格尔给这个纷繁复杂、变动不居的世界建立了秩序。在黑格尔的哲学中，我们看见的不再是一个个差异，今日之我与明日之我，婴儿与成人，自然与精神，不再只有差异，世界万事万物通过目的论而内在地具有了一种秩序。婴儿只是人的自在状态，其内在的目的是超出自在状态而做一个成人，即自为存在的、有理性与自由的人。种子是树的自在或者说潜在，但种子并不是树的终极，种子的内在目的即在于超出自身而发展成为一棵树。自然是冥顽化的精神，即精神的自在状态，但是自然也必须超出自身而成为自为的、自由的精神。婴儿是人自身，种子是树自身，自然是精神自身，自在之物与自为之物具有同一性。

就其同一性来说，物即是物自身，物自身是抽象的自身反映，不包括任何有差别的规定，物自身是物的自在阶段。倘若就差异性来说，物包含着差异，则任何一物就都是有规定性的事物，是反映他物之物，此时便意味着物要超出自身，不再是无规定之物，而变成有规定的物，即是具有特性（特质）之物。

物与特质之间有什么关系呢？先验唯心哲学主张"人为世界立法"，将物的特质归结为意识、自我，或者通俗点说，归结为人。树叶是绿的，而不是黑的；太阳是圆的，而不是方的；糖是甜的，而不是苦的。这都是源于人的视觉、感觉、味觉，如果没有人的意识，没有先天形式，那么一切物的特质也都不存在了，物的规定都被挪到了意识之中。六祖慧能所讲的"不是幡动，是尔心动"，与此如出一辙，只不过德国先验唯心哲学是在知识领域为近代经验科学奠定了基础，同时为信仰留出了地盘，而禅宗则是在信仰与实践领域，其导致的是对知识的不屑，满足于自我内在的自足，以至于最后沉沦在自然的必然性中而不自知。

先验唯心哲学把事物的多样性、事物的特质归结为由主观造成的，将事物的一切规定归在主观之内。黑格尔是不满意的，黑格尔认为根源在于先验唯心哲学死死抓住抽象的自在之物作为终极规定，而把特性的规定性与多样性同自在之物对立起来。先验唯心哲学把物自身放在一边，物的特性放在另一边，并且认为抽象的、没有规定的物自身是物的终极规定，而物的特性则是由意识、自我所产生的。黑格尔则强调物与特性之间的内在同一性，而不是一种外部反思的结果，从物自身到物的诸多特性并不是外在的意识使然。因为抽象的纯粹自在之物是不真的规定，自在之物本质上具有特性，特性是由自在之物的本质外化的结果。凡物莫不自己超出有限的自身，抽象的自在之物超出自身而成为具有特性的自为之物，这不是外在的反思和意识所引起的，而是事物的本性使然。黑格尔哲学之所以不是先验唯心哲学，不是主观唯心论，从中可窥见一斑。

2. 无形式的质料是抽象理智的结果

物是自身反映，特质是他物反映，但是当特质作为物的根据，而不仅仅是物的差别时，特质也可以是自身反映，此时特质是作为自身同一的、独立的实存，这样的特质就是质料。

质料是物的根据，也是一种独立的特质，是物之所以为物的根据，比如盐是由盐酸和碱构成的，石膏是由硫酸钙构成的，盐酸和碱就是盐的质料，硫酸钙就是石膏的质料，又如水、二氧化碳和糖就是碳酸饮料的质料。这个范畴代表着一种观点，这种观点认为物是由独立的质料所构成的，这种观点在无机的自然界有一定地位，比如分析某一块石头由哪些质料构成。但是在黑格尔看来，这种观点必须加以限制，第一，对于一些没有独立性的特质则不能被称为质料；第二，这个观点不适用于有机界。这个观点不能运用在动物身上，我们当然可以说动物是由骨骼、肌肉、神经所构成的，但是这与我们说花岗岩是由石英、黑白云母等构成是不一样的，石英、黑白云母等质料是独立存在的，相互之间完全不相干，但是有机体的各个部分只有在有机体中才能存在。臂膀是有机体的存在,但是一旦离开了身体则失掉其为有机体的存在,离开了联合体则无法独立存在。在社会存在领域也是一样,无产阶级只有在资本主义社会才能存在,离开了资本主义社会的无产阶级则不再是无产阶级,可能是另一种物。黑格尔说:

> 有机体的各部分、各肢节只有在它们的联合里才能存在,彼此一经分离便失掉其为有机体的存在。①

当质料是自身反映时,质料自身内部没有任何区别,质料是特定的自身反映。我们耳熟能详的是亚里士多德在《形而上学》中谈到过的质料因,在追寻世界的本原时,古希腊一些哲学家通过寻求质料——比如泰勒斯、阿那克西美尼、赫拉克利特、毕达哥拉斯等将水、气、火、数等作为世界的基质(本原)——来发现和认识世界,世界以同一的质料为基础。而将质料之间的关系视为外在的、偶然的,质料本身没有规定,但是可以接受一切规定,变成一切物。诚然,在无机物之中,比如一块大理石,可以接受雕塑家赋予的各种形式,大理石作为质料与最后形成的雕像的形式并无多大关系。这造成一个误解,即认为质料是单独存在的,正如大理

---

① 黑格尔:《小逻辑》,贺麟译,商务印书馆,2016,第272页。

石之于雕塑作为质料是单独存在的。黑格尔说:

> 因此,我们说把质料孤立起来,认作一种无形式的东西,仅是一种抽象理智的看法,反之,事实上,在质料概念里就彻底地包括有形式原则在内,因而在经验中也根本没有无形式质料出现。[1]

在黑格尔看来,世界上根本没有无形式的质料,无形式的质料仅仅是一种理智抽象的存在,即使是大理石,仍然是具有一定形式的,而不是完全没有形式的质料。除了没有形式的质料以外,在我们的思想中还有很多对象都是大脑抽象的存在,没有核的芒果,没有刺的玫瑰,这些都是理智抽象的产物,事实上不存在。这种理智抽象也影响到我们的生活,当我们在渴望一种只有幸福的生活时,也是一种抽象,抽掉了幸福赖以存在的条件,比如痛苦的经历。黑格尔哲学经常提示我们应当适时放弃理智的抽象,才不会陷入自我的主观主义之中,才会放弃我们的问题,放弃一些在实际中不会存在,只在大脑中抽象存在的对象,最后我们才能在生活中迷途知返。

盘古从混沌中开天辟地,其内在的哲学即是认为混沌

---

[1] 黑格尔:《小逻辑》,贺麟译,商务印书馆,2016,第274页。

是世界无形式的基质,世界的创造者仅仅是赋予世界一定形式。在此意义上,黑格尔认为上帝从无到有创造世界的基督教思想较为深刻,因为这至少表示了质料并无独立性,以及形式不是从外部强加于质料的,质料与形式共存于全体之中,须臾不可分离,这也是本质论中所有范畴的特点:范畴都是成双成对出现。

现象不是站在自己的脚跟上

[第130~131节]

本质似乎以它无限的仁惠,让它的假象透露在直接性里,并予以享受定在的欣幸。于是这样建立起来的现象便不站在自身的脚跟上,它的存在便不在自身而在他物。

——黑格尔:《小逻辑》,第277页

1. 质料哲学:从自然科学出发却造成知性的形而上学

物是形式与质料的统一,如前面多次提到的那样,两个范畴的统一并不是一句空话,更不是统一于抽象的"统一"概念自身,统一意味着必须产生新的主体,在此而言,这个新的主体就是物。实体即主体,物即是新的主体,也是全体和实体,质料与形式都是全体或者说实体的一个环节,这也意味着它们与实体具有同样的本质。质料与形式都具有物的全体,或者说质料与形式都与物具有同一性。质料与形式是对绝对的界说,物也是对绝对的界说。更加通俗地讲,质料与形式都能够作为物的代表而出现,作为绝对的代表而出现。当泰勒斯说"水是万物的本原"时,正是以质料(水)

界说绝对。中国古代的阴阳五行理论以"金木水火土"来解释世界，实际上也是以质料（金木水火土）来界说绝对。事实上，黑格尔逻辑学的一个特点是由前一个范畴（存在论）或者前两个范畴（本质论）推演出来的新范畴是实体和新的主体，前一个或两个范畴也曾经作为实体而出现，不过是更为片面和抽象的实体而已。

倘若物作为形式而出现，质料就下降到特质的地位。譬如面对车轮（物），我们可以说那是一个圆（形式），质料下降到特质的地位，车轮是钢质的圆。再如面对小说《天龙八部》（物），评论家可以说那是一个民族认同、爱情与亲情等交织的悲剧小说（形式），里面的文字表达等都只是填充此形式的特质而已，《天龙八部》是具有中国文化特质的悲剧小说。

同样，历史上也不乏以质料解释物的思想，就算是今天也处处可见。以质料解释物时，质料是作为物的全体而出现的，质料可以有一种或者多种，多种质料之间相互否定，它们都是独立的，此种思想可称为质料的哲学。黑格尔举出近代科学中的"多孔性"理论的例子，这种理论认为物是由各种质素构成的，一物之中包含了多个孔，孔中存在色素、味素、热素、燃素、磁素，等等。在这种理论中，一物之所以是黑色的，因为该物的细孔中存在黑色素；一物之所以能够有磁性，因为该物的细孔中存在磁素；一物之所以是可燃烧的，因为该物的细孔中存在热素。黑格尔说：

这些细孔并不是经验的事实,而是理智的虚构,理智利用细孔这概念来表示独立的质料的否定环节,用一种模糊混乱的想法以掩盖这些矛盾的进一步的发挥,按照这种想法一切皆独立,一切皆互相否定。[①]

这种理论曾经在德国很盛行,燃素说主要是由17世纪德国化学家贝歇尔和斯塔尔提出并论证的,这一理论已经被推翻了,拉瓦锡发现氧之后,燃素说即被推翻,但是此种思维方式并没有被推翻,各种"燃素说"依然存在于我们的思想之中。当我们说人的生命是由各种维生素组成的,把某一身体疾病的出现归结为某种维生素的缺失,这与"燃素说"同出一辙。在心理学之中,以情商、智商、逆商等解释一个人的精神,同样是一种多孔性理论。黑格尔对此是持批判态度的,所谓的"燃素""磁素""色素"等不过是理智抽象的虚构,它们并没有所声称的那样独立,情商与智商都不能够单独存在。黑格尔所主张的是全体性思想,与反对"头痛医头,脚痛医脚"做法的中医理念倒是极为契合。

由于黑格尔面对的近代早期的自然科学,不是我们当下的自然科学,而近代早期的自然科学往往是形而上学的粗劣

[①] 黑格尔:《小逻辑》,贺麟译,商务印书馆,2016,第275页。

翻版，譬如前面所说的"燃素说"，其不过是"万物有灵论"的翻版，燃素代替了神灵而已。由自然科学出发却造成一种知性的形而上学，产生了一种由知性的概念（如德国神秘主义者波墨的痛苦概念）构成的形而上学，实际上是披着自然科学外衣的玄学，黑格尔对此深恶痛绝。

2. 现象：万事万物无不是道之流行

本质论有三个阶段，第一个阶段是作为实存根据的本质（《逻辑学》中反思自身的本质），反思自身的本质是一种自身反思，把自己作为实存的根据，并且进一步过渡到现象。本质是物对自身的反思，潜在地将物视为一种现象，谈本质势必引出现象，如黑格尔所言，本质是纯粹的自身反思、自身联系，"本质必定要表现出来"，表现出来的本质就是现象。这一点与朴素意识或者说唯物主义是不一样的，唯物主义将现象看成第一位的，本质不过是对现象的概括和总结，现象决定本质，而不是本质决定现象。而黑格尔哲学将纯粹本质视为一种自在的无限的实体，现象不过是无限实体的对象化和显现。对本质领域的贬黜是黑格尔之后粗俗的唯物主义以及后现代哲学的一大特征，后现代哲学甚至直接反对本质，唯有现象是真实的。在唯物主义者看来，黑格尔哲学存在一种头足倒立的思维方式，这并非是空穴来风，而是有一定的依据的，从纯粹本质与现象的关系便可以发现唯物主义与黑格尔哲学之间的差别。不过黑格尔并非一般唯物主义者想象的那么简单或者说幼稚,以为仅仅用"唯心主义"标签便可以大体概括黑格尔哲学,或者认为黑格尔哲学主张精神决定物质之类的观点。如果以马克思哲学中的"研究方法"和"叙述方法"对此判摄,"研究方法"是一种时间的顺序,而叙述方法是一种逻辑的顺序,黑格尔在《小逻辑》中所表达的纯粹本质与现象之关系则属于叙述方法之中的逻辑顺序,而不是个人认识过程中时间的关系。纯粹本质从个人经验来看确实起源于对各种现象的观察,但是一旦要表达某个现象,而某个现象又是世界的全体结构之中的现象,叙述者(哲学家)不得不从世界的整体与纯粹本质出发理解现象,因此纯粹本质也仿佛成了一个先验的形式。质言之,在哲学领域,其宗旨是逻辑地理解(表达)事物,而不是说明个人认识事物的过程。一旦要理解某事物,必须以一个无限的世界全体结构为前提,这个无限的世界全体结构从个人的认识过程来说却是最后的结果,但是它又必须成为认识万事万物的前提甚至是先天形式。

我们再回到现象,回到由本质表现出来的东西。现象的真理不在于自身,现象不是站在自己的脚跟上,不是独立自存之物,它的存在不在自身而在他物,现象是一个反映他物的东西。现象不同于假象,假象是一种自身反映,现象包括自身反映与他物反映,因此假象是直接性的真理,而现象包含间接性于其中，说到现象总是暗示着其本身分裂为本质的存在。世界的万事万物都是现象，在基督教的思想中，任何现象都是作为本质之上帝的显现；在中国道学之中，万物无不是道之流行。

现象作为一个常用名词早已"飞入寻常百姓家"，但在黑格尔看来，现象是一个很重要的思维范畴，也是逻辑理念进展的一个重要阶段，现象范畴浸入了现代人的语言表达之中，大多数成年人能够熟练运用现象范畴，这是精神在世界中劳作的结果。"现象"作为理念的一个环节已经作为思想遗产成为人们日常生活的资源之一。康德哲学有一个特点，便是将一切经验领域内的客观知识视为对现象的知识，而不是关于物自体的知识，充分确立了现象的主观意义，即现象是人的先天形式与感性杂多的综合。黑格尔对康德如此评价道：

> 在近代哲学史里，康德是第一个有功绩将前面所提及的常识与哲学思想的区别使之通行有效的人。但是康德只走到半路就停住了，因为他只理解到现象的主观意义，于现象之外去坚持着一个抽象的本质、认识所不能达到的物自身。[①]

[①] 黑格尔：《小逻辑》，贺麟译，商务印书馆，2016，第277~278页。

现象并不仅仅是现象,现象也不仅仅是单纯的存在,现象是本质的表现,认识了现象,我们便能够把握到现象背后的本质。黑格尔说:

> 殊不知直接的对象世界之所以只能是现象,是由于它自己的本性有以使然,当我们认识了现象时,我们因而同时即认识了本质,因为本质并不存留在现象之后或现象之外,而正由于把世界降低到仅仅的现象的地位,从而表现其为本质。①

黑格尔批评康德只认识到现象的主观意义,没有把现象视为本质的显现,却在现象之外坚持一个抽象的本质、认识所达不到的物自体。黑格尔认为物自体是无限的,这没有问题,但是物自体不是不可认识的,因为物自体作为无限的东西必须显现出来,必须外化为有限才能表现其本质,脱离有限的无限仅仅是知性的虚构。

---

① 黑格尔:《小逻辑》,贺麟译,商务印书馆,2016,第278页。

割断下来的胳膊不再是胳膊

[第 132~137 节]

一个活的有机体的官能和肢体并不能仅视作那个有机体的各部分，因为这些肢体器官只有在它们的统一体里，它们才是肢体和器官，它们对于那有机的统一体是有联系的，绝非毫不相干。

——黑格尔：《小逻辑》，第 283 页

1. 散漫自由的落叶是秋天的征兆

现象是本质的展现，现象不站在自身的脚跟上，现象不是独立自足的，现象的真理不在自身，而在他物。现象（Die Erscheinung）的三个环节，第一是现象（世）界，第二是内容与形式，第三是关系。乍一看，现象的环节极其晦涩，"现象界"范畴对很多人来说闻所未闻，又由于"现象界"范畴的内容极其简略，更是增加了理解它的难度。另外，《小逻辑》与《逻辑学》中现象的几个环节也具有很大差异。《小逻辑》中分别是现象界、内容与形式、关系等三个环节，而关系环节中又包含整体与部分、力与力的表现、内与外三个小环节。《逻辑学》中分别是现象的规律、现象的和自在之有的世界、现象的消解。现象之后的环节——"本质的对比"——所包含的内容才是《小逻辑》中"关系"环节的三个小环节,《逻辑学》现象环节之中不包括《小逻辑》现象环节的后面两个环节,二者唯一重合的地方是现象界(或者说现象世界)。"现象界"范畴在《小逻辑》中显得极为突兀,前不着村后不着店,仿佛是从天而降的一个范畴。但是在《逻辑学》中,"现象界"是联系着"自在界"来理解的,于是便有了一定的内容,而不至于沦为空洞的范畴。这也符合黑格尔在前面所说的,本质论中的范畴都是成双成对出现,单独的范畴无法自足,任何一个范畴都必须通过与自己相对的范畴才能理解自身。

谈论现象界与自在界,必须从现象与本质开始说起。现象是本质直接在存在里的呈现,"现象首先是在其存在中的本质"。理解现象必须注意两条:第一,直接的存在不是现象,现象是反思的存在,本质将自己建立为有限、直接才有了现象;第二,现象的根据在于本质,现象是显现的东西,以他物(本质)为根据,现象只是建立起来的东西,不是自在自为的东西。在《逻辑学》中,黑格尔谈到了现象与规律,现象世界与规律世界,规律是现象的自身反思,这一点我们都是能够理解的。现象世界与自在世界的关系首先是现象世界与规律世界的关系,规律世界是现象的静止的内容,现象世界与规律世界具有同一性。

与佛学相比较,《金刚经》中说,"凡所有相皆是虚妄。若见诸相非相,即见如来"。佛学与黑格尔共同承认现象界的非独立性,"诸相非相""五蕴皆空",佛学全盘否定了现象,把它们当作空幻的泡影,以此从生死烦扰中得到解脱,但是黑格尔并没有全盘否定现象,认为现象是本质的显现,二者具有同一性。另外,必须提一句,在我们这个时代流传极广的唯物主义与唯心主义的区分,其实二者的区别并不是"物质与意识何为第一性",关键在于是否承认现象的自足与独立,那些被看作唯心主义的思想家,大多认为个别的东西、现象的东西不是自足的,因此必须从更为普遍的全体与系统来看待某一现象或因素,全体是真实存在的。而唯物主义者认为现象的东西是自足的、独立的,普遍的、宏大的全体不过是现象之思维的抽象和概括,全体在唯物主义的思想中反而是不真实存在的,仅仅是思维的概括。试想一粒沙子、一片叶子,无论沙子自身如何坚硬,叶子飘起来如何自由,但它们并不具有独立性,其根据不在于自身,而是依赖于他物,依赖于绝对。一叶落而天下知秋,散漫自由的落叶仅仅是秋天的征兆。

现象与本质、现象与现象的规律、现象界与自在界,二者之间都具有同一性,当我们认识到这一点,固然已经是一大进步。但是还须认识到,在黑格尔哲学中,虽然现象是本质的现象,但是本质也离不开的现象,脱离现象的本质是理智的抽象,二者须臾之间不可离。甚至,我们可以说现象与本质实际上是同一个东西,现象也是本质,现象只能在本质中存在,自身不能独立存在。现象世界是作为全体的现象,本质的现象,这是经过反思的现象总体,也就是黑格尔所说的"一个自身回复了的有限性的世界和整体"。如果用马克思主义哲学的话来说,现象界是"从抽象到个别的具体世界"。具体世界既是个别的,又是普遍的,既有现象的环节,又有本质的环节,这样便过渡到对具体世界、现象界、经过反思的现象总体的二重分析,也就有了后面的内容与形式、整体与部分、力与力的表现、内与外的范畴了。

2. 知性思维将普遍原则运用到任何内容之上

自然科学的理智思维(知性思维)在我们时代的精神中占统治地位,而理智思维的特征之一即是形式主义,因此内容与形式的范畴,稍有知识素养的现代人应该已经熟悉了,正如黑格尔所言,"形式与内容是成对的规定,为反思的理智所最常运用"。① 或许,对于研习黑格尔《小逻辑》的人来说,形式与内容是研习过程中遇见的第一对清楚易懂的范畴。

知性思维习惯于将内容与形式分开,甚至将单独的形式整合成一门科学,即普通逻辑科学。此种形式主义的知性思维是一种外部的反思,其内容是作为一种给予的材料从外

---

① 黑格尔:《小逻辑》,贺麟译,商务印书馆,2016,第280页。

面取来的，形式仅仅作为一种外部反思在各种内容中到处移动。伽达默尔在《20世纪的哲学基础》中说：

> 对门外汉来说，反思是到处移动的推理能力，它不停留于任何特定内容之上，却知道如何将普遍原则运用于任何内容之上。黑格尔认为这种外在的反思过程是诡辩论的现代形态，因为它任意地把事物置于一般原则之下。[①]

形式主义正是将原则、形式、规律套用到任何东西和内容之上，而这种形式、原则和规律仅仅是与内容不相干的外在的形式，但是这种思维方式却在我们这个时代甚嚣尘上，将完全不相干的外在形式套用到特定内容之上，还自称此为学术研究！

在黑格尔哲学之中，内容与形式是彻底统一的。一件艺术品，如果缺乏正当的形式，则不能算是真正的艺术品，一本小说或者一首诗，如果不具备小说的正当形式或诗的正当形式则不能成为伟大的小说或诗。很多哲学家尝试写小说、戏剧与诗歌，通过某一艺术形式表达自己的哲学内容，但鲜有哲学家同时也是伟大的小说家或者戏剧家。并非他们的思想内容不深刻，而是没有掌握正当的艺术形式。黑格尔说：

---

① 严平编选《伽达默尔集》，邓安庆等译，上海远东出版社，2003，第298页。

一件艺术品,如果缺乏正当的形式,正因为这样,它就不能算是正当的或真正的艺术品。对于一个艺术家,如果说,他的作品的内容是如何的好(甚至很优秀),但只是缺乏正当的形式,那么这句话就是一个很坏的辩解。只有内容与形式都表明为彻底统一的,才是真正的艺术品。①

总有一些艺术家感叹自己立意高远,只是没有掌握艺术的基本技能。黑格尔说,荷马史诗《伊利亚特》的内容是特洛伊战争,莎士比亚《罗密欧与朱丽叶》的内容是两个家族的仇恨导致一对爱人毁灭的故事,单单一场战争或者一个故事的内容并不足以成就《伊利亚特》与《罗密欧与朱丽叶》的不朽,它们的不朽离不开高超的艺术形式。在改革开放之前的三十年,中国出现了大量以底层人民群众生活为内容的艺术作品,包括诗歌、小说、绘画等,这些作品现在大多被遗弃了,没有人会把那些作品当作真正的艺术品。主要原因并不是我们这个时代的精神对底层群众生活内容的排斥,而是这些作品的形式并没有达到相当的艺术水准。一些行为主义艺术家试图仅仅靠某一观念制造艺术作品,全然不顾这个艺术作品的形式多么糟糕。而粗鄙的形式是无法承载

---

① 黑格尔:《小逻辑》,贺麟译,商务印书馆,2016,第281页。

不朽的艺术内容的，否则人人皆为艺术家了——只要他声称某一无厘头的胡闹表现了自己的某一观念就可以了。

3. 割断下来的胳膊不再是胳膊

继形式与内容范畴之后，便过渡到关系范畴，其中包含全体与部分、力与力的表现和内与外三个环节，在我看来，后面三个环节都是内容与形式范畴的进一步展开。全体与部分范畴仍然是理智思维常用的范畴，黑格尔对这一范畴进行了批判，在他看来，全体与部分的关系是一种机械性的关系，有其适用的限度，比如无机物，而在精神领域，全体与部分的范畴便显得极度贫乏。在有机的生命中，这一范畴也并不适用，因为有机体的肢体并不能像无机体的部件一样，前者脱离身体便不再是原来的肢体了，这些肢体和器官只有在它们的统一体中才是肢体和器官。一个国家也是如此，一旦用全体与部分范畴思考国家，那么国家就是由政治、经济、文化各个部分所组成的，由经济制度、政治机构、文化观念等部分组成，所以，只需要将一纸宪法以及各种政治经济制度搬来，将各种文化引进，发展中国家赶超发达国家的现代化便大功告成。这样一种政治思维的本质是不自觉地使用全体与部分范畴，是一种机械性的思维方式。但正如割断下来的胳膊不是胳膊一样，搬过来的民主制度不再是民主制度。

循着发展中国家的现代化思路，既然全体与部分思维不适用于国家有机体，那么什么才是应该坚持的思维呢？黑格尔的答案是力与力的表现的思维更适合。发展中国家的现代化既然不能通过移植照搬他国制度与观念等，并不是这种向他国学习的态度本身有问题，而是全体与部分的思维导致发展中国家的知识分子去照搬他国的政治、经济等制度和观念，将这些制度和文化观念当作能够独立自存的部分引进，期待它们发挥相同的功能。但如前所说，割断下来的胳膊不再是胳膊，离开了发达国家的制度总体的某一制度不再是原来的制度，不再发挥原来的作用。换一种思维代替全体与部分的思维——力与力的表现的思维，那么在一个国家之中，表现为独立的部分实际上是"力的表现"。在浸透着黑格尔哲学精神的马克思主义看来，政治制度与文化观念等对象并不是部分，也是"生产力"的表现，现代国家的各种政制与观念实际上是发达的生产力及其表现，代表制、契约精神、主体性观念等无一不是发达的生产力的表现。

回到黑格尔关于"力与力的表现"的范畴。与"全体与部分"的范畴相比，"力与力的表现"明白地建立起了两方面的同一——力的发挥即力本身——而"整体与部分"两方面的同一仅是潜在的，因此运用该范畴的人至少明白对象的两方面是同一的。黑格尔并没有在政治的意义上讨论该范畴，而是对自然界、上帝等问题进行了论述。文艺复兴时期，自然哲学家将上帝看成一单纯的力，牛顿把上帝看成

"第一推动力",究其本质,乃是用"力与力的表现"范畴思考自然界、上帝。这固然建立了力与世界的同一性,上帝与世界的同一性,但是用力与力的表现来解释自然界,如近代物理学那样,在黑格尔看来是有问题的,因为这样就是将有限的力当作根本性的存在了。受此影响,甚至有人用"引力"与"斥力"来思考一切存在,包括精神性的东西,夸大了某一个别力的适用范围,把它当成独立自存的根本性的存在。与将个别的、有限的力夸大相反,在上帝的问题上,上帝成为抽象的不可知的力,上帝变成远居彼岸的存在,上帝是推动世界的力,推动之后便与世界的进展没有了关系,如此的自然哲学被教会斥为无神论,也算是不无缘由。黑格尔说:

> 根据这番对于力的性质的讨论,我们虽勉强可以承认称这实存着的世界为神圣的力的表现,但我们反对认上帝为一单纯的力,因为力仅是一个从属的有限的范畴。[1]

依黑格尔看来,力是一个有限的范畴,不足以表达无限的、神圣的上帝。

---

[1] 黑格尔:《小逻辑》,贺麟译,商务印书馆,2016,第288页。

对待伟人,除了敬爱,别无二法

[第138~142节]

我们必须明白肯定地说,如果历史上的英雄仅单凭一些主观的形式的兴趣支配行为,那么他们将不会完成他们所完成的伟大事业。如果我们重视内外统一的根本原则,那我们就不得不承认伟大人物曾志其所行,亦曾行其所志。

——黑格尔:《小逻辑》,第295页

1. 内无不表现于外,外无不出于内

黑格尔在前面谈了整体与部分的关系以及力与力的表现的关系,内与外的关系是前面两种关系的统一。在现代科学支配下,本质论思维在我们时代稍有教养的人群中享受绝对的权威,内与外的关系也已经成为日常生活中的普遍范畴。当一个人因受骗而发出一句"知人知面不知心"的感叹时,即使这句感叹带有一定的感情色彩和感性特征,但是就其思想形式而论,这已经在不自觉地运用内与外的关系的范畴了。同时,这句普通的感叹语又可表明使用者认内为本质的规定,认外为非本质的、不相干的规定。

虽然这句感叹表明了使用者已经反思了生活中的直接性，进入本质的领域之中。但是，如果以黑格尔哲学对之判摄，此感叹把本质当成单纯内在的东西。对于黑格尔来说，内与外是不可分离的，分离出来的内或者外都是空洞抽象的。"凡物内面如何，外面的表现也如何。反之，凡物外面如何，内面也是如何。"①"知人知面不知心"不过是涉世未深的年轻人碰壁后的初步反省，远不足以表明其已经懂得了社会中的人情世故，其实他们并不知人，也不知面。真正老练的社会人对于内在的本质与被一般人贬低为不相干的外在表现洞若观火，明白单纯的内心与单纯的行为都不是事情的本质，正所谓"听其言、观其行"，事情的本质在内与外的统一之中。当涉世未深的年轻人从抱怨"知人知面不知心"的否定反思阶段转向否定之否定的反思阶段时，再次将各种外在细节表现连串起来以恢复事情本身，发现细枝末节之中无不透着巨大的秘密，其距离黑格尔的精神便越来越近了。

内无不表现于外，外无不出于内。内与外是同一个内容，即使内表示抽象的自身同一，外表示单纯的实在性，但它们在本质上是同一的，都是本质的环节。凡是在一个抽象中被设定的东西，便立刻在另一个抽象中被设定。黑格尔所试图实现的是世界的统一性，克服世界的分裂状态。就此而

---

① 黑格尔：《小逻辑》，贺麟译，商务印书馆，2016，第290页。

言，黑格尔旨在破除内与外的对立，提出内与外均无法独立自存，二者不过是本质的两个环节。中国哲学讲究"知行合一"，真正的知并不能脱离外在的行动，"知是行之始，行是知之成"。一言一行虽是外在表现，却无不是一个人精神的外露。我们能够通过走路的姿态判断距离自己较远的路人，因为举手投足之间都是一个人内在精神的表现，而这种情况大多只适用于我们熟悉其内在精神的朋友、亲人之间。内无不表现于外，凡是在内的抽象中设定起来的东西，也立刻在外的抽象中设定起来，反之亦然。只要心中尚存一丝邪念必定有所表露，偶然的行为失常无不源于自己内在观念的变化。

内与外的关系还被黑格尔用于其宗教观点。有一种观点认为上帝是内在的本质，因而其神圣的理念远非我们人类所能知晓的，此与认为神灵有嫉妒心理、害怕被人类理解其神圣本质的古希腊时期的观点如出一辙。黑格尔反对将上帝视为单纯内在的东西，上帝的神圣理念必显示出来，无法显示的上帝不是真正的上帝，只是知性思维抽象出来的上帝。自然与人类意识就是上帝本质的启示，上帝首先就是通过自然，进而通过人的意识显示自己。人的意识与自然不同的地方在于人能够自觉其神圣本质，而自然处于不自觉的状态中。

2. 对待伟人，除了敬爱，别无二法

三国时期曹操与刘备"煮酒论英雄"的故事对于中国人

来说已经是耳熟能详了,"煮酒论英雄"本质上是知人论世。评价一个人——尤其是帝王将相——是中国历史的重要组成部分,也是在普通民众生活中不断会出现的问题。在内与外关系的讨论中,黑格尔谈到了如何论人的问题,黑格尔主要反对了那种从动机和主观意向去评判人的做法,即脱离外而夸大内,其中包含着两种相反的情形。

第一种是对弱者同情的情形,夸大内面的高尚。一些低能的作家或者一些拙劣的诗人,从未创作优秀的作品,但是他们夸大自己内心的理想聊以自慰;也有人在评价一些失意者、弱者时,往往悲情式地吹嘘他们被埋没的才华或者没有施展的雄心壮志。这种自我安慰或者吹嘘对于黑格尔来说,都是无稽之谈,必须拒绝以主观愿望和理想作为评价一个作家或者画家的作品之标准;而对于那些自恃内在的优越性而沾沾自喜的人,可以告诉他们《新约》中的一句话:汝须从行为的果实里去认识人。

第二种是对强者妒忌的情形,夸大内面的阴暗。庸人总是对弱者发出虚假的同情,但仍无法抑制自己内心的快感;对于强者则充满妒忌,试图将强者拉低到自己平庸的水准,以消除自己面对强者而产生的不平衡心理。对于完成了不朽事业的伟人,有一种观点同样是夸大内面,但并不是与外在丰功伟绩相应的内面,而是与伟大事业不相称的内面,比如将一个伟人所完成的事业仅仅当作外在的表现,且把他所完成的功绩当作由私欲或者虚荣心所推动，以此低估他人的伟大。

当然，怀疑伟大人物的英雄事业可能仅仅由其主观的欲望或者罪恶内心所推动，这种抖机灵的看法随处可见。黑格尔在书中提到的实用主义历史书写方法，即是这种学究式地耍小聪明，通过揭露伟大人物显耀功勋背后的心理动机，以此揭穿他们的"假面具"，以为越是把伟大英雄人物降低到庸人的水平，自己的书写就越是深刻。黑格尔认为内与外具有同一的内容：

> 如果历史上的英雄仅单凭一些主观的形式的兴趣支配行为，那么他们将不会完成他们所完成的伟大事业。[①]

黑格尔认为，对待伟人，除了敬爱，别无二法。内与外的统一原则是黑格尔评价伟大人物的根本原则，据这一原则，英雄之所以为英雄，乃是因为他拥有历史意义的普遍性的性格。

3. 偶然的存在不该被称作现实

内与外的统一并不是空洞的抽象，内与外的统一即是现

[①] 黑格尔：《小逻辑》，贺麟译，商务印书馆，2016，第295页。

实。现实是黑格尔逻辑学本质论的最后一部分,现实是本质与实存的统一,是由内与外所形成的直接的统一。

现实范畴随着黑格尔、马克思哲学在中国的传播而被普遍使用。日常生活中使用现实概念,一是指某个人或者社会的行为物质化,唯利是图,拜金主义盛行,缺乏人情,是指在与含情脉脉的社会关系相对立意义上而言的物化社会关系及其意识形态,如"他这个人太现实了,眼里只有利益,没有朋友","社会太现实了,没钱寸步难行";二是在与理想主义相对立的意义上而言,指代一种务实的生活态度,"理想是理想,现实是现实,既要仰望星空,更要脚踏实地"。而在知识界使用现实概念,更多的是在与思想、理论相对立的意义上来谈的,如"交易成本理论的现实意义"。我们中国人当下所使用的现实概念虽然与哲学中的现实概念有很大的差别,但也浸透着黑格尔、马克思哲学的精神,这一点是毋庸置疑的。一切思考都必须从将现实提升为哲学研究内容的黑格尔开始。

当黑格尔讲到现实范畴时,他首先驳斥了现实与思想相对立的观点。一般人往往认为思想无法在现实中找到,无法在现实中得到完全实现,因此,思想归思想,现实归现实。黑格尔说:

> 现实就其有别于仅仅的现象,并首先作为内外

的统一而言，它并不居于与理性对立的地位，毋宁说是彻头彻尾地合理的。任何不合理的事物，即因其不合理，便不得认作现实。①

普通人既不明白什么是思想，也不明白什么是现实。思想并非人们头脑中的主观想象、计划与意愿那么简单，现实也并非外在的感性实存。通常大家存在这样的成见，即认为现实就是看得见摸得着的感性存在，把人头脑中的主观观点、计划和意向也当作思想。黑格尔所说的现实是内的理性与外的感性表现的统一，现实是彻头彻尾的理性，如果一样事物不合乎理性，那么这个事物就不该被称作现实，偶然的、即逝的存在并不是现实。

---

① 黑格尔:《小逻辑》，贺麟译，商务印书馆，2016，第297页。

任何事物都是可能的,只要你为它寻得一个理由

[第143节]

凡认为是可能的,也有同样的理由可以认为是不可能的。因为每一内容(内容总是具体的)不仅包含不同的规定,而且也包含相反的规定。

——黑格尔:《小逻辑》,第301页

1. 现实是自己有机的身体

"凡是合乎理性的东西都是现实的;凡是现实的东西都是合乎理性的",一提到黑格尔哲学,这句名言从来不会缺席,但是如何理解它却仍然是一个问题。这句话流传到百姓的交流语言中已经极大简化了,变成了"存在即合理",变成了相当一部分人为某种事物的存在——哪怕是卑微的存在——辩护的口头禅。此种解读不能说是完全歪曲了黑格尔这句话的含义,毕竟其中确实包含了这一思想维度。

黑格尔是一个彻底的现实主义者,也是一个客观的理性主义者。现实如今在我们这个时代是一个贬义词,主要在于现代人将现实与理想对立起来了,将现实主义与理性主义对

立起来了，进一步说，我们将现实与我们自己的主观理性对立起来了。现实成为利益的代名词，成为理想的对立面，现实是我们这个时代不得不承受的痛，但是我们又不得不面对现实，因为我们都是现实的人，所以不断地承受着来自现实的逼迫。但是，如果我们熟悉黑格尔，能够将黑格尔的精神内化到我们的生命之中，那么我们不会面临来自理想与现实的紧张压力，因为黑格尔哲学实现了现实与理性的统一。黑格尔主义者不会沉浸在主观理性的角落里无助地承受现实之浪的拍打，相反，黑格尔主义者要化身为水，成为现实之浪的一部分。当我们与现实融为一体时，现实不再是外在的压力，而是自己有机的身体。

黑格尔哲学之所以不同于浪漫主义，就在于黑格尔哲学是对主观性的浪漫主义的批判，反对哲学和时代精神沉迷于个人头脑中的主观理性，而提出深入历史的客观精神之中。在黑格尔看来，现实不是应该否定的东西，现实是显现的客观精神，我们不应该拒绝现实，而应该理解、承认现实，现实是更高的理性，我们的主观理性只不过是更高理性的工具，此为历史客观理性之狡黠。我们之所以反感现实，是因为主观主义、主体性思想支配了我们，在现实与理性之间存在的一道鸿沟，实际上是主观理性与客观理性的鸿沟。这道鸿沟带来我们的主观精神与现实的紧张关系。主观精神既为客观精神的环节，必然也有其作用，尤其是在改造世界的过程中发挥了不可替代的作用。

在主体与客体的分裂过程中,主客体之间的紧张关系推动主体不断克服、消化现实。整个近代哲学的基本问题并不是什么思维与存在何为第一性的问题,因为这个问题早已被无神论的近代哲学终结了,近代哲学的基本问题是主体与客体的分裂及其克服的问题。按照加缪的说法,克服主客体分裂是一个没有终点的过程,现代人犹如古希腊神话中的西西弗斯,现实就是巨石,我们不断地推石上山,面临一场永无止境的苦役。胡塞尔所指出的现代科学技术的危机以及海德格尔所指出的现代人"无家可归"的命运都是对主体与客体分裂状态的描述。黑格尔则告诉我们,现实本身意味着更高的理性,现实是在绝对理性展开过程中表现为必然性的东西,我们必须理解现实背后的必然性,现实是自己的命运。主观理性在绝对理性面前微不足道却又不可或缺,所以黑格尔主义者大概会认同"尽人事,听天命"的生活态度,就算知道自己是绝对理性的工具,也要坚定不移地完成绝对理性交给自己的使命,这是一种宿命论与主体性思想的结合。

2. 任何事物都是可能的,只要你为它寻得出一个理由

现实范畴包含三个环节,即可能性、偶然性与必然性,当我们谈论现实时,离不开它们。现实性首先是可能性。一切事物都是可能的,"一切不自相矛盾的东西都是可能的",

现实性也是可能性，可能性与现实性是同一的。

可能性是我们经常使用的思维范畴，但是黑格尔对可能性的看法如何呢？黑格尔嘲讽了那些使用可能性范畴的人。成功学、心灵鸡汤或者营销广告经常告诉受众每一个人拥有无数的可能，引诱受众进入天花乱坠的可能性之中，受众像打了鸡血一样，被激扬起来的热血模糊了双眼，看不见那些可能性的空洞，最后的结果不过是成了他们产品的消费者而已。自己白忙乎一场，在无数的可能性之间来回折腾。黑格尔说：

> 一个人愈是缺乏教育，对于客观事物的特定联系愈是缺乏认识，则他在观察事物时，便愈会驰骛于各式各样的空洞可能性中。①

心智不成熟的人青睐可能性甚于现实性，他们以为可能性是较现实性更丰富、更广阔的范畴，但是明智而有经验的老者则不受可能性的欺骗。原因有两个，第一，任何内容，即使是最荒谬的东西都能够看作是可能的，特朗普成为俄罗斯总统也是可能的，只要普京修改宪法就可以了；秦始皇复活是可能的，医学发达就够了；甚至月亮掉到地球上也是可能的。黑格尔认为可能性的说法主要是玩弄充足理由律，

---

① 黑格尔:《小逻辑》，贺麟译，商务印书馆，2016，第300页。

"任何事物都是可能的,只要你为它寻得出一个理由"。黑格尔轻视这种抽象的可能性,他是一个很现实的人,认为实实在在的东西才是真实的,绝不能为各种可能性所欺骗。一只麻雀在手也比十只麻雀在屋顶更好些,一张可能中一千万的彩票也不如一百元的现金。屋顶上再多麻雀,仅仅可能是自己的,但是手里的麻雀却现实地是自己的。第二,凡是可能的,也可以说是不可能的。任何事物都包含相反的规定于自身。可能性是抽象空洞的范畴,可以套用到任何事物之上,这是玩弄抽象空疏形式的把戏。黑格尔认为现实是在其展开过程中表现为必然性的东西,可能性不等于现实,可能性只是任何内容的单纯形式,思想不能停留于玩弄可能性的把戏之中,还应该进展到对必然性的把握。

瞬间的偶然事件可能是更大命运的征兆

[第 144~146 节]

偶然性一般讲来，是指一个事物存在的根据不在自己本身而在他物而言。现实性呈现于人们意识前面，最初大都是采取偶然性的形式，而这种偶然性常常被人们同现实性本身混淆起来。

——黑格尔：《小逻辑》，第 302 页

1. 瞬间的偶然事件可能是更大命运的征兆

现实性有三个环节，即可能性、偶然性与必然性，当我们理解现实性时，便是通过它的三个环节去理解。所有的现实，就其单纯的本质来说，首先只是一种抽象的可能，因为一切事物都是可能的。但是可能性不足以理解现实性，因为现实具有更多的规定，现实还是外在的具体的东西、非本质的直接的东西。现实具有现存（一种表现于外的存在），而这是单纯的可能性所不具有的。这样的可能性是一种实现了的、设定在外的某一特定的可能性，也就是偶然性。

偶然性是外在的现实性，或者说外在的可能性。如果说可能性是一切事物的内在本质，那么偶然性是一切外在现实的规定。换言之，现实性的内在本质是单纯的可能性，现实性的直接形态是外在的偶然性。偶然性事物的特点是它的存在的根据不在自己本身，而在他物。黑格尔说：

> 现实性呈现于人们意识前面，最初大都采取偶然性的形式，而这种偶然性常常被人们同现实性本身混淆起来。①

前半句说明了，我们的意识所遇见的大都是偶然性事物，即使处于历史进程中的现实也是以偶然性呈现出来。人终有一死是每个活人无法抵抗的现实，但是我们所遇见的死亡都是偶然的，或猝死、或毒死、或病死，或昨日死、或今日死、或明日死。反过来说，由于偶然事物的根据不在自身，所以每一偶然事件的真正主宰往往是坚硬无比的现实。即使功高盖世、备受爱戴的伟人的离世，也不过是一瞬间的偶然事件，而支配偶然离世事件的是强大无比的死亡命运。正如现代历史学家布罗代尔指出的那样："惊天动地的大事件常常发生在一瞬间，但它们不过是一些更大命运的表征。"②

---

① 黑格尔：《小逻辑》，贺麟译，商务印书馆，2016，第302页。
② 〔法〕费尔南·布罗代尔：《论历史》，刘北成、周立红译，北京大学出版社，2008，第4页。

黑格尔对待偶然性的态度正如对待其他范畴的态度一样：不宜过分提高绝对化，也不应排斥。任何单一范畴都无法完全理解对象，真理并不是某一范畴，而是整个逻辑学体系。所以，凡是出现在黑格尔逻辑学中的范畴，都有其地位，即使黑格尔批判了它们，但仍然承认它们作为真理的必要环节。进一步来说，"绝对理念"本身并不是黑格尔所坚持的——正如后面可以知晓的，绝对理念本身是空洞无内容的——所以，如果有人说黑格尔就是主张绝对理念，同样是不正确的。真理不是某个判断命题，不是某个范畴能够涵盖的，真理是一个系统，是具备各个环节的全体。

2. 对世界的内在和谐性的识见带来了内心的宁静

沉迷于偶然性的人喜欢猎奇，喜欢探索大自然的千姿百态，惊讶于各个历史时代的普通人物的独特生活方式，在只存在某一瞬间的现象中流连忘返，他们也许是摄影师、考古学家或者植物爱好者。偶然性支配我们时代人文艺术领域，对于偶然性的探索已经成为当代文艺的风尚。黑格尔也肯定了偶然性，尤其是肯定偶然性在自然界的地位，在自然界中，偶然性有了自由的施展。承认偶然性意味着对一些事情不必打破砂锅问到底，不必去追问为什么只能是这样，而不能是那样。路人 A 被凶手随机砍杀，一些人总怀疑是路人 A 的问题："路上这么多人，为什么单单朝你砍？你肯定也有问题,被砍之人有被砍的原因。"在黑格尔看来,它就是偶然的,没有什么必然的联系,不应强行为偶然事物找出只能是这样的原因。在自然科学支配的时代思想中,我们非得为任何事物都找出一个必然的缘由或者因果联系,正因为此,才产生了我们在文艺领域的反叛,举起偶然性的大旗,反对必然性(如宏大叙事、本质主义等)。

即使承认偶然性在自然界和艺术创作等方面有其地位,但黑格尔认为不宜将偶然性思想过度拔高,否则我们将迷失在纷乱的现象和观感之中。偶然性造就了五花八门的植物世界与动物世界,各种样态的动植物在偶然的外在环境的支配下门类繁多,令人眼花缭乱;更为常见的是放眼可见的变幻莫测的云雾,千姿百态,也是偶然性的存在。对于这些偶然性的存在,黑格尔认为没有必要大加称赞,在各种变化无常的现象中疲于奔命仅仅是对偶然性着迷,而不是真正热爱对象本身,驰骛于新奇是一种抽象地痴迷于偶然的心理态度。黑格尔主义者坚信太阳底下没有新鲜事,从来不对各种新奇花样动心,关于世界的内在和谐性与规律性的识见带来了黑格尔主义者内心的宁静。这种宁静平和与佛教中的宁静平和不同,佛教因为世界的空无而宁静,黑格尔因为把握了世界的逻辑而心平气和;"滚滚长江东逝水,浪花淘尽英雄。是非成败转头空",一切偶然性的成与败到头来都像浮云一样消散殆尽,佛教徒看到世界的空无而无所执念，自然平静了下来；黑格尔主义者的宁静更像是经历了世间沧桑的老者，并不否定世界的存在，而是明白了世界运行的道理。一切新奇花样，对于黑格尔主义者来说，都是——"不过如此"。

在政治领域，偶然性也战胜了必然性，通过污名化必然性而将它驱逐出政治世界，必然性在现代政治思想中变成了极权主义的代名词，人人避之不及。由此造成的后果是，自由变成了任性，任性等于自由。任性是偶然性的自由意志，黑格尔认为任性固然是自由的一个重要环节，但任性不是自由本身，真正的自由必须扬弃任性于自身中。真正的自由知道它的内容属于它，而任性是形式的自由，不包含内容，任性可以选择 A 作为内容，也可以选择 B 作为内容，或者说任性不规定内容，甚至可以接受相反的内容，仅仅是抽象的形式自由。任性等于自由时，自由的形式是自己的意志，但是它的内容是外界给予的，并不是基于意志自身，而是以外在环境为根据的。这种自由仅仅是形式的自由，仅仅是表面上的选择，即主观遐想的自由。在资本主义社会，每一个人都有自由的权利，即使乞丐也拥有自由被选举为总统的权利，但是最后他选择的内容是外界所给予的，根据他的工作、收入、家族势力等决定他是否为总统，远不是什么形式上的自由。在偶然性支配的现代政治思潮之中，形式自由被幻想成现代政治的决定者，自由地决定谁为总统，谁为民众，但真正的决定者一直是形式自由之外的存在，形式自由只是满足了现代人的自由幻想和政治激情。政治变革仅仅在形式自由领域打转，真正决定政治运行的存在却未被触及。

任性意味着自由的内容是外界给予的，消费自由也是任性。消费者个人从未自由过，反而在充斥着消费自由的话语中备受奴役，资本凭借自己的逻辑制造出无数的欲望，致使无数人把这种资本制造出的欲望当作自己的意志。每年的"双十一"活动，每一个人都感觉到消费的自由，可以买自己想买的任何东西，但这仅是形式上的自由，消费内容早已被资本主义的话语所决定。每一个消费者享受的是形式的自由，决定购买的内容是形式自由之外的东西，比如你的收入、商家的广告以及大众的时尚等。简而言之，此种自由不是根据你的意志，而是被外在环境决定。在形式自由的前提下，应充分考虑自由的内容，以及决定自由内容的外在环境。

3. 未来的任何可能都是源自当下的可能

偶然性是现实事物的外在性，也是一种直接存在的可能性，这种直接存在是一种自身将被扬弃的东西。因此，偶然性的东西是一种直接的东西，也是一种将被扬弃的东西。由于其本身将被扬弃，所以这种事物又成为另一事物可能的条件。现实性，就其直接性而言，它是现存，是一种直接的、有限的东西，它的命运就在于被销毁掉，凡是现存的，都是要被扬弃的；就其本质性而言，现实性是一种特定的可能性，也要被扬弃，一种新的可能代替旧的特定可能，由此产生新的现实性。黑格尔说：

> 这种被扬弃的可能性即是一种新的现实性的兴起，而这种新兴的现实性便以那最初直接的现实性为前提、条件……事实上那种直接的现实性却包含转化成他物的萌芽在自身内。①

一物的存在是偶然的，偶然的东西是要被扬弃的，即某种可能性的扬弃。一种可能性被扬弃带来另一种可能性被设定起来，所以某物又是他物得以可能的条件。马克思谈论社会历史的更替实际上就是在说一种现实的社会形态被另一种现实的社会形态所取代，而取代的动力不是外在的，而是源于自身。马克思的方法是在批判旧社会的过程中发现新社会，而不是预设什么人类的终极状态，因此共产主义之于马克思并不是固定的，我们几乎读不到马克思对共产主义社会状态的描绘，甚至可以说，对马克思而言，重要的不是共产主义社会本身，而是在批判资本主义社会的过程中发现新社会的萌芽。资本主义社会发源于西欧，它成为人类社会的普

---

① 黑格尔：《小逻辑》，贺麟译，商务印书馆，2016年，第305~306页。

遍形态是人类历史发展的偶然，但它又是共产主义社会得以可能的条件。

在黑格尔主义的世界中，从来不会有什么真正的新事物，也不会有什么东西凭空而出现，未来任何的可能都是源自当下的可能。

命运中的一切都是自作自受

[第 147~148 节]

这意思就是说,凡人莫不自作自受。与此相反的看法,就是把自己所遭遇的一切,去抱怨别人,归咎环境的不利,或向别的方面推卸责任。这也就是不自由的观点。

——黑格尔:《小逻辑》,第 311 页

1. 真正的必然性事物是理性的对象

现实性的最后一个环节是必然性。必然性是可能性与偶然性的统一,这样的说法固然是没错的,但却是空洞的。第三个环节是前两个环节的统一,此种辩证法公式常被滥用,不仅对理解第三个环节没有任何助益,而且也成了在部分马克思主义者当中流行的遁词——只是一种没有解释的解释,使用者往往自己也不甚了解。黑格尔本人便已经注意到"第三环节是前两个环节的统一"之类表述的空洞性,黑格尔说:"必然性诚然可以正确地界说为可能性与现实性的统一。但单是这样空洞的说法,便会使必然性这一规定〔或范畴〕

显得肤浅,因而不易了解。"① 可能性与偶然性是无法解释必然性的,二者的统一不过是一种空洞的说法。必然性是一个很费解的概念,即使我们经常使用必然性的概念。

那么黑格尔如何理解必然性呢?总的说来,黑格尔认为必然性的真正意义是一事物的自我决定。如果某物的存在不取决于自己,而取决于他物,那这样的事物是偶然的。具有必然性的事物不受他物制约。但是又有什么东西是不受他物制约的呢?我们可见的一切无不是有限的存在,无不是有条件的存在,连我们自己也是有限的存在。我们经常说某物是必然的,譬如张三是必然会死的,抛上天的石头必然会掉下来,这些事物(张三、石头)都是有限的存在,他(它)们的必然性不是黑格尔所说的必然性。或者用黑格尔在《大逻辑》中的范畴说,有限事物的必然性是相对的必然,而黑格尔在《小逻辑》中谈论的必然是绝对的必然。我们能够直接感知的事物(感性)与反思理解的事物(知性)真正讲来都不是必然的,而只是具有相对的必然性,依然是有前提和条件的,真正具有必然性的事物是理性的对象。《小逻辑》中的必然性范畴是对绝对的界说,它的对象是无限的对象,如世界、自由、上帝、绝对。由此也可见,《小逻辑》虽然在知识论、逻辑论的表达框架中进行范畴推演,但问题意识却

---

① 黑格尔:《小逻辑》,贺麟译,商务印书馆,2016,第307页。

是形而上学与宗教,推动黑格尔谈论必然性问题的动力是他对上帝等问题的关切。

与偶然相对的必然,其内容是贫乏的,仅仅具有"某事一定会发生"的意义。必然性包括三个环节,实体关系、因果关系和相互作用,当我们在谈论必然性时,实际上是通过以上三者来理解必然。上帝是必然的,倘若不欲使此判断沦为空洞的形式,那么我们必然通过上面三个环节来理解"上帝是必然的"这一判断。上帝是必然的,无非意味着上帝是实体,万事万物是偶然的,或者意味着上帝是第一因,等等。

2. 必然性只有在它尚未被理解时才是盲目的

必然性是盲目的吗?有限事物的必然性是有确定性方向的,但这个问题并不是针对有限事物的必然性而提出的——这也佐证了黑格尔谈的必然性是理性的对象,即世界或者说上帝是盲目的吗?上帝是盲目的这一论断,来自斯宾诺莎哲学。斯宾诺莎把上帝看作实体,看作存在者本身,存在与上帝的关系是存在与存在者、存在与实体的关系,而不是因果关系,这样的实体不是一个自由的原因,而是吞噬一切有限事物的寂静存在者。在黑格尔看来,这样的实体是不自由的,不具有意志,这样的实体还不是主体,如此的实体是盲目的。

如果说在必然性过程里目的还没有自觉地出现,上帝的意志、世界的方向或者说系统的目的在完成之前没有被道明,从个别的事物中并不能发现世界的目的等,必然性在此意义上确实是盲目的。换言之,在过程中,在个别事物中,必然性是盲目的。这也符合必然性仅仅是理性对象的论断。黑格尔说:

> 常有人说必然性是盲目的。这话可说是对的,如果意思只是说,在必然性的过程里目的或目的因还没有自觉地出现。①

每一只蜜蜂对正在建造的蜂巢是盲目未知的,但是对活动着的蜜蜂整体来说,却是有确定性目的的。目的因在我们这个时代已经被抛弃了,它和必然性一道被大家视为通往奴役之路的危险观念。在哈耶克看来,一旦人类历史的目的被设定,或者说人类社会存在必然性的法则,那么一种通过人为干预来实现这个人类历史目的的政治体制诞生后将会导致极权主义。哈耶克、波普尔等人因此将黑格尔哲学视为极权主义的思想资源。事实上,黑格尔所说的目的与必然性是理性的对象,但是某个历史时代所认识的人类社会的目的仍然是有限的目的,所理解的必然性仍然是有限的必然性。黑

---

① 黑格尔:《小逻辑》,贺麟译,商务印书馆,2016,第308页。

格尔所说的目的与必然性是绝对的目的,这样的目的等于天意,任何个人或者部分群体的意志都不能等于天意,以有限的目的代替绝对的目的,以人意代替天意,这固然应当拒绝。但是我们难道真的能够否认世界本身的非个体主观的目的吗?黑格尔说:"必然性只有在它尚未被理解时才是盲目的。"① 在有机体中,每一个细胞本身也许是无目的的,但此有机物整体却具有一种合目的性。

必然性是被我们所排斥的观念,但是,必然性却是建立人的心灵秩序的根本,排斥必然性的主观哲学造成了现代人的精神痛苦。必然性、目的因、命运,这些都是人类精神得以安顿的重要根基,如果不曾存有这些信念,我们的心灵永远也无法安宁。

3. 命运中的一切都是自作自受

我们这个时代的精神排斥必然性,其中一个原因是认为它和宗教传统交织。但在黑格尔的时代,宗教人士也排斥必然性,因为必然性降低了上帝的尊严(在那个时代,必然性主要是通过斯宾诺莎的实体来理解,上帝成了一个无所作为的存在者),借排斥必然性以尊敬上帝。如此想法,在黑格尔看来,把一切事态都归于上帝的偶然的意志,虽然是想拔

---

① 黑格尔:《小逻辑》,贺麟译,商务印书馆,2016,第308~309页。

高上帝的能力，但也将上帝降低为一个盲目的、无理性的、作威作福的存在者。必然性属于上帝的本质，上帝所欲的就是世界的现实，将坚定不移地完成。

必然性在古代人的世界中意味着命运，现代人却排斥命运，认为命运将带来不自由、痛苦和悲哀。为什么？黑格尔的解释是：主观性在现代社会达到了无限的意义。主观主义哲学笼罩了现代社会，造成了应该与如此、理想与现实、应然与实然的对立，这是一切痛苦的根源。但是古代人相信命运，"因为某事是如此，所以某事是如此，既然某事是如此，所以某事应如此"。[①] 主体与客体，主观与外在的世界并没有分裂，而这种分裂却是现代人的普遍的精神状况，自己的意志与世界的巨大分裂带来了现代人的精神痛苦。使现代人精神痛苦的并不是必然性和命运，而是排斥必然性和命运的主观性。

黑格尔是相信命运的，但主张实体与主体、必然性与自由相统一的黑格尔当然不是持宿命论，而是把自己当作命运的主宰，把人看作是自由的，所以一切都不过是自作自受。与黑格尔相反，那些经常把自己的遭遇归咎于环境，去抱怨别人的人，以为那就是把自己当作一个自由的人了。

黑格尔说：

---

① 黑格尔:《小逻辑》，贺麟译，商务印书馆，2016，第310页。

假如一个人承认他所遭遇的横逆，只是由他自身演变出来的结果，只由他自己担负他自己的罪责，那么他便挺身做一个自由的人，他并会相信，他所遭遇的一切并没有冤枉。①

　　既然没有冤枉，那么所有的人应该满足于自己的命运。黑格尔上面这句话，已经成为我们这个时代的流行思想了，它给人自由，但是又让人承认命运，把一切遭遇都当作自作自受。如果用马克思主义观点来思考的话，这是典型的资本主义意识形态，工人在现代社会如同蝼蚁，在繁荣的城市里过着没有尊严的奴役生活，但是主流的思想却告诉每一个工人，这一切都是自作自受。这种思想会告诉你，你是自由的，你可以自由地成为工人，或者成为资本家，你之所以变成身心被摧残的工人，这是你自己的原因，怪不得别人。我们这个时代流行的成功学和心灵鸡汤，其本质也是资本主义意识形态，让每一个人从自己身上找失败的原因，不要埋怨社会，变革社会的诉求被隐藏了起来，但社会的结构失衡与自然造成的生理差异却是不同人有不同命运的重要原因，而这远不是个人所能决定的。

---

① 黑格尔:《小逻辑》，贺麟译，商务印书馆，2016，第311页。

大全一体的观点是一切哲学的基础

[第 149~153 节]

大体看来,东方人的观点多认一切有限的事物仅是奄忽即逝,不能长存,这种东方人的世界观在斯宾诺莎的哲学里得到一种思想性的表述,这种东方人的实体统一性的观点无疑地可以形成一切真正哲学进一步发展的基础……

——黑格尔:《小逻辑》,第 315~316 页

1. 大全是实体

熟悉康德哲学的人应该都知道,实体关系、因果关系和相互作用是《纯粹理性批判》十二个范畴中的三个,属于关系的范畴。在《小逻辑》中,这三个范畴与康德哲学一样也被视为知性范畴,本质论的范畴都是知性范畴;与康德哲学不同,黑格尔哲学用这三个范畴去认识绝对、上帝、大全或者说物自体,而康德哲学仅仅把它们限定在对有限的事物的认识中。

前面已述,必然的事物真正讲来只是理性的对象,即绝对或者大全等,除此之外的所有有限事物都不是必然的,即使有一定的必然性,也是相对的、有条件和外在的必然

性。必然的事物是唯一的、自身同一的事物，因为绝对、大全或者上帝是唯一的、自身同一的。绝对、大全或者上帝是内容丰富的、包含一切差异和同一性的绝对同一性，大全自身产生分裂，分裂为直接的存在，直接的存在是独立的和现实的，但直接的存在被扬弃为中介，成为另一事物产生的条件，最后直接存在的条件性和中介性又被扬弃，复归于直接性，成为经过中介和间接的直接性。这个过程犹如上帝降生为耶稣（绝对的有限化），耶稣救赎世人而死亡（有限事物扬弃自身成为另一事物产生的条件），最后又复活升天（经过间接的过程而复归于直接性）。上帝只有一个，但是上帝并不是无为的和单一的，上帝自己设定各种差别而成为丰富的存在，圣父、圣子、圣灵出自同一个上帝。

必然性的第一个阶段是实体关系，实体关系也就是实体性与偶然性的关系。在此阶段，大全作为必然性的事物就是实体，大全将自己外在化，设定为现实性，但是，大全又是对这种外在事物的否定，因而，现实的事物由于其外在性、直接性而只是偶然的东西。偶然的东西被扬弃，又将成为另一种东西的条件，这就是新的现实性的产生，由此无穷进展，但是无数前后相继的事物又具有同一性，正如人身体中的细胞，一个消逝了，另一个起来了，但是作为有机体的人的同一性却始终如一。当然，这个类比是不准确的，身体毕竟是有限事物，是以其他事物为条件的存在物，而大全则是无限的，通过自身而存在。事实上，我们是无法通过类比来说明大全的，因为我们无法找到一个与大全具有相同性质——绝对的同一性——的存在，否则大全则不为大全了。

2. 斯宾诺莎是德国古典哲学的精神教父

哲学就是哲学史，逻辑理念的推进也是哲学史的推进，这里所谈的实体关系对应着斯宾诺莎哲学，实体是斯宾诺莎哲学的原则。斯宾诺莎对于理解黑格尔哲学乃至德国古典哲学至关重要，如果撇开斯宾诺莎，任何人都无法进入德国古典哲学的大门。他虽然是一个荷兰人，死后长时间寂寂无闻，但是在康德时期的德国"复活"了，他是属于德意志民族的，谢林曾把康德和斯宾诺莎看作德国唯心主义并驾齐驱的精神教父，"没有哪一位后康德哲学家未曾接受斯宾诺莎的深刻影响"。实体原则是斯宾诺莎给予德国精神界最重要的思想资源，但是并不能局限于此，正如黑格尔所言，实体只是逻辑理念发展的一个阶段，但还不是理念本身，理念还被限制在必然性的形式中。斯宾诺莎对于德国古典哲学的重要性已经超出实体概念本身，因为斯宾诺莎哲学的原则被发挥了，已经内化为德国古典哲学的精神气质了，比如谢林的绝对同一性思想、为哲学索回被宗教霸占的对象的思想，以及黑格尔的绝对精神概念、"实体即主体"思想等，无不渗透着斯宾诺莎的精神。

在黑格尔看来，斯宾诺莎哲学表达了东方人的世界观，或者说东方人的世界观在斯宾诺莎的哲学里得到一种思想性的表述。黑格尔认为东方人大多"认一切有限的事物仅是奄忽即逝，不能长存"，[①]这里的东方主要指的是印度。佛教破除了世人对一切外相或者说有限事物的执着（"无住"），佛教说，"一切有为法，如梦幻泡影"或者"凡所有相，皆是虚妄"。"若见诸相非相，即见如来"，破除对外相的执着是其一，其二是形成了对唯一的真实存在的认识，这个唯一的真实存在便是世界的统一性。这个唯一的真实存在是"空"也好，"佛"也罢，至少建立了世界的统一性。事实上，中国哲学也建立了世界的统一性，只不过这个实体不是"佛"，而是"天""太一"。黑格尔将此种实体统一性的观点视为一切真正哲学的基础，这一点值得我们这个时代的精神倍加关注，我们生活在分裂的、碎片化的精神世界之中，甚至切割、细分、抽象等被视为思想活动，由于统一性、全体不能被经验测量、计算而被抛入信仰的领域，理性对此置之不理。全体或者说绝对必须作为哲学的对象，否则哲学便沦为了无聊琐碎的思维游戏，不再能够担当安身立命的学问，因为任何人精神的安顿都必须在一个全体之中才能真正地实现。"仁者以天地万物为一体"，中国哲学的"天人合一"作

[①] 黑格尔：《小逻辑》，贺麟译，商务印书馆，2016，第315页。

为修身的最高境界，实在也不离开全体。

有人攻击斯宾诺莎为无神论者，因为他把上帝看作实体，而且仅仅是实体，上帝成了一个寂然不动的存在者，完全没有了基督教徒所理解的人格性，这样的上帝有和没有差不多。在黑格尔看来，斯宾诺莎并不否定上帝，甚至将上帝看作唯一的真实存在，因此他是一个有神论者，不应因为他理解的上帝和基督教的上帝不一样而视之为无神论者，否则哲学家以及其他宗教家也成了无神论者。黑格尔认为斯宾诺莎真正的问题在于没有给有限事物以正当的地位，只有实体（神）是唯一的真实存在，有限事物在斯宾诺莎哲学中是完全没有真理的。

> 所以他的实体只是直接地被认作一普遍的否定力量，就好像只是一黑暗的无边的深渊，将一切有规定性的内容皆彻底加以吞噬，使之成为空无，而从它自身产生出来的，没有一个是有积极自身持存性的事物。①

3. 因果关系是同一物的自身联系

知性习惯于反对实体，在知性支配的现代社会，实体思

---

① 黑格尔:《小逻辑》，贺麟译，商务印书馆，2016，第317页。

想离我们越来越远,因此也丧失了对社会以及世界的总体性图景的把握,个人的自由无法在大全的体系中建立起来,自由缺乏方向感,个体的生命缺乏确定感和安全感。抛弃了实体,实际上也就抛弃了真正的必然性——因为必然性的对象是无限的、唯一的实体,无限从此离开了理性的范围,与现代人渐行渐远。我们仍然在谈论和研究必然的事物,如此的必然事物是有限的事物,当我们追究其必然性时,实际上是追溯因果关系。为什么悬空的石子必然会下坠?因为万有引力。为什么西欧君主专制制度必然土崩瓦解而走向共和?因为资本主义的生产方式诞生了。因果关系范畴解决的是有限事物的必然性问题,当然它也被用来回答上帝的问题,将上帝看作世界的第一推动力(第一因),这样便将上帝降低为有限事物了。

所以,除了绝对之外,一切事物的必然性实际上都是因果必然性,更进一步说是效果的必然性:有某个原因,必然产生某个结果。这个结果是原因设定起来的,原因在这个意义上具有绝对的独立性。资本主义生产方式必然导致个人主义文化,经济基础决定上层建筑,经济基础在这个意义是原因,并且具有绝对的独立性,上层建筑(文化与政治)是经济基础的必然结果。这是我们所熟悉的因果关系范畴,并且经常使用它来回答自然、社会和历史中的必然性问题。

黑格尔所要告诉我们的是跳出单一的线性因果关系。

如果我们固执着因果关系的本身，则我们便得不到这种关系的真理性，而只看见有限的因果性，而因果关系的有限性即在于坚持因与果的区别。但这两者不仅是有区别，而且又是同一的。①

　　因与果的主要区别只是设定与被设定的区别，二者实际上是同一的。原因与结果的分立只是为了研究和认识方便，这是一种设定起来的区别，原因与结果是同一物，原因也是他物的结果，结果也可以作为另一物的原因，环环相扣，以至于无穷。倘若打破砂锅问到底，在这个世界中没有真正的独立的原因和结果，一切要素都处在相互作用之中，真正运动的是实体自身，远不是某个看起来是原始的原因。在社会历史领域，虽然生产力被归结为第一因，但是我们也可以看到生产力也是其他社会要素的结果，各个要素相因相生，实际上真正的主体是实体，即社会结构或者系统本身，被视为原因或者结果的各个要素之间的关系都不过是实体的自身关系。

---

① 黑格尔：《小逻辑》，贺麟译，商务印书馆，2016，第319页。

万物一体之境界达到了最高的自由

[第 154~159 节]

一般讲来，当一个人自己知道他是完全为绝对理念所决定时，他便达到了人的最高的独立性。斯宾诺莎所谓对神的理智的爱也就是指这种心境和行为而言。

——黑格尔:《小逻辑》，第 325 页

1. 真理只能是一个体系

实体关系、因果关系和相互作用，这三个范畴在我们的感性与知性思维中是不相干的、并列的三个范畴，它们在康德十二范畴表里也没有内在的关联，但是在黑格尔哲学体系中，这三个范畴并不是孤立静止的，也不是独断列举的，而是有机的整体，每一个范畴都是演进的必然结果，甚至可以说这三个范畴就是一个范畴，都是实体关系。当实体作为偶然而存在时，实体是原因；当实体自己与自己联系、自己设定自己时，实体关系就变成了相互作用。

马克思主义哲学教科书说旧哲学用孤立的、静止的、片面的观点看问题，即形而上学地思考问题，而马克思主义用联系的、运动和全面的观点看问题,即辩证地思考问题。很多人不以为然,因为随便抛出一个马克思之前的哲学家,他们不可能像教科书说的那么呆板,把世界当成一团活火的赫拉克利特难道看不到运动?从诸方面探讨正义的柏拉图难道不知道全体?连动物都研究的亚里士多德难道看不到联系?联系、运动和全面的观点,普通人都能够理解;片面、静止和孤立的观点,普通人一听都知道是不对的。也许这只是马克思主义者自吹自擂?这里的质疑不可说是无理的,而应该进行真切的回应。解释这些问题是马克思主义在当代思想对话中仍然能够保持生命力的前提之一。

这些问题的产生可归结为真理脱离了历史的语境。马克思主义教科书所说的旧哲学实际上主要指的是康德哲学,"旧"是相对黑格尔哲学意义上的"旧"。康德的十二个范畴之间没有内在的联系,各个范畴是孤立的存在,而且在各个范畴之间看不到运动,也就是看不到范畴之间的演进,譬如实体关系、因果关系和相互作用,在康德哲学中,从一个范畴到另一个范畴并不是演进的结果,而是康德自己根据亚里士多德哲学以及一般知识而武断列举的。但是黑格尔哲学把一个范畴到另一范畴的必然演进揭示了出来,范畴之间不再是孤立的、静止的,而是演进的结果,而且每一范畴被扬弃而成为另一范畴形成的条件。正是在这个意义上,继承了黑格尔哲学的马克思主义批评康德哲学的各个范畴是孤立的、静止的,这是没有任何问题的。至于片面与全体的问题,康德哲学把物自体视为不可知的,绝对或者说世界被排斥在哲学的认知领域之外,而黑格尔哲学在《小逻辑》的"本质论"部分所表现的最大特点就是全体性,片面的前两个范畴都是作为全体的第三个范畴的环节,现实是本质与现象两个片面环节的全体。全体性是绝对的直接性,真正的全体性的对象只是绝对,任何个别的事物都称不上全体。黑格尔的《逻辑学》处理的对象即是绝对理念,其他个别的范畴都是片面的、不能自足的。正是在这些意义说,我们说辩证法(黑格尔哲学的方法)是用全面的观点看问题。

弄懂马克思主义哲学是极其困难的,不理解康德与黑格尔,关于马克思主义哲学的任何言说都是苍白无力的,即使说出正确的论断,如果不在历史的语境中,正确的判断也不能成为真理。真理只能是一个体系,包括纵向的历史和横向的其他诸要素,脱离了历史与其他诸要素,单一的判断都不是真理。单一的论断如同一条鱼,它在水中活蹦乱跳充满生气,但是离开了水就会变成一条死鱼。制度也是如此。

2. 相互作用范畴只站在概念的门口

因果关系是知性思维运用的范畴,但是因果关系却容易导致思想陷入无止境的回溯过程中,由果到因不断向前回溯,最后可能发现原本设定为结果的存在也是原因。倘若将因果关系无穷的直线回溯过程加以扬弃，就变成了相互作用，果不再是单纯的果，果成了反作用。线性的无穷递进过程变成了一自成起结的圆圈过程，思维由僵化的区别重新返回到自身来了，因与果之间的区别被扬弃了。典型的例子发生在马克思主义思想世界内部，第二国际学者把马克思主义理解为"经济决定论"，经济基础是因，上层建筑是果，经济发展到一定程度，共产主义社会自然就到来了。而恩格斯、列宁、卢卡奇则运用"相互作用"的范畴，强调上层建筑的"反作用"，强调政治革命（恩格斯、列宁）和阶级意识（卢卡奇）的能动性，甚至卢卡奇认为人类历史就是主体与客体相互作用的历史。

相互作用是因果关系的充分发展，之前的原因和结果都被扬弃了，转化为相反的规定，原因成了结果，结果又变成了原因，于是原因和结果的环节都成了空虚的规定，原因所设定的结果成了反作用，这样相互作用关系就扬弃了因果关系。一个国家的习俗是一个国家的法律的原因？抑或一个国家的法律是一个国家的习俗的原因？事实上，二者相互影响。社会是一个有机体，生命也是一个有机体，生命躯体的各个器官处于相互作用的关系之中。

当然，相互作用是由因果关系发展起来的真理，固然是一大进步，但只能说相互作用正站在概念的门口。站在概念的门口是说相互作用仍不能使人满意，理解了一个民族的习俗与法律相互作用仍然是不够的。什么是概念呢？概念是把相互作用的两个要素当作自身两个环节的更高的第三者。譬如斯巴达的习俗与法律相互作用，斯巴达民族的概念便是这个第三者。在我看来，概念便是全体，或者说有机体本身，理解斯巴达民族概念必须通过它的各个环节，即通过处在相互作用之中的各个要素。

3. 与绝对理念合二为一将达到最高的自由

相互作用范畴已经回到了自身，重新回到了实体自身。经过一番周折，设定因果关系和相互作用关系，原本看起来坚硬独立的原因和要素不过是实体的否定的自身联系，独立性被扬弃了，但抽象的实体已经丰富起来了，这样的实体就是概念，黑格尔说，"实体的真理就是概念"。[①] 概念自己与自己相排斥，却与自身同一，始终在自身内进行交替运动，这样的概念是一个有机体，有机体是一个全体，这个全体产生分化和差异，有机体内部每分每秒都在自我否定，但仍然保持着自我的同一性。

实体关系、因果关系和相互作用都是必然性的三个阶段，作为主体的实体扬弃了相互作用，真正的实体关系是自我否定，真正的必然性是自由。在因果关系的思维中，作为果的一方是受必然性束缚的，在相互作用的思维中，每一方

---

① 黑格尔：《小逻辑》，贺麟译，商务印书馆，2016，第322页。

都仿佛处在枷锁之中。在扬弃因果关系和相互作用的真正的实体关系思维中，我们才会发现原来被束缚或者互相束缚的一方或者两方实际上都是全体的不同环节，都是作为自由自在的实体的一分子而存在。黑格尔说：

> 一般讲来，当一个人自己知道他是完全为绝对理念所决定时，他便达到了人的最高独立性。①

这就是天人合一，当一个人发现自己的所作所为无不是天道之流行，无不是大道运行的必要环节时，他不再是一个普通的人，而简直成了天道的化身或者说绝对精神的化身。黑格尔说这样的人达到了人的最高独立性，若是在中国，这样的人就是圣人。

当然，也可以用马克思主义的话语来解释，意识到自己完全为绝对理念所决定的人在现代社会只有无产阶级，他们发现了自己的历史使命——推翻资产阶级。但是一切的前提是认识到自己是历史本身（绝对理念）的环节，为历史所决定。即使他们在现实生活中受各种必然性支配，甚至他们自身的产生也是经济运动的必然结果，而一旦成为自觉的无产阶级，他们也将感受到自己作为历史推动者的自由。

---

① 黑格尔：《小逻辑》，贺麟译，商务印书馆，2016，第325页。

// 概念论篇

哲学家的使命是发现个人冥冥之中的命运

[第 160~165 节]

概念的观点一般讲来就是绝对唯心论的观点。哲学是概念性的认识，因为哲学把别的意识当作存在着的并直接地独立自存的事物，却只认为是构成概念的一个理想性的环节。

——黑格尔:《小逻辑》，第 329 页

1. 颠倒的不是黑格尔，而是世界

不费一番思量，轻易开始对黑格尔的叙述，往往一张口就带着种种误读，譬如说"黑格尔是一个客观唯心主义者"。大多数人把"概念"等同于主观的抽象形式以及剥离特殊性的共同之点，或者如朴素唯物主义那样，把概念当作物质在头脑中的抽象反映。在这个意义上，他们把黑格尔哲学视为奇幻的头足倒立的客观唯心主义。黑格尔被世人看作"客观唯心主义者"，但黑格尔是否真的认为概念出现在感性事物的历史之前，感性的自然的东西在历史上是由概念演变而来？倘若普通人嘲笑哲学家的荒诞或者连常识都不懂，问题一般不在哲学家的智力，而在于普通人根本没有进入哲学的门槛，不过是站在门外以粗鲁的小聪明攻击他根本没有明白的哲学家。

黑格尔在《大逻辑》的"概念通论"中对此做出的解释和澄清足以回应世人对他的曲解。黑格尔并不否定在历史的发展中，自然的直观或者感性事物是第一性的东西。黑格尔说：

> 假如问题不在于真理，而在于观念中和现象思维中怎样发生的历史，那么当然可以停留在叙述上面，即我们以感觉和直观开始，并且知性从它们的杂多中抽出普遍性或抽象物。①

但是，哲学不是历史学，不是对历史发生状况的描述，而是对真的东西的认识，以及通过概念来把握感性的现象的事物。若用马克思主义哲学来表达的话，我们研究的不是人们关于资本主义的各种观念如何从现实中反映而来，或者停留于对某年某月某个工人在社会繁荣时期失业等现象的描述，马克思主义哲学研究的是资本主义社会的真理，如资本增殖逻辑、剩余价值学说等真的东西，用真正的概念去理解某年某月某个工人在社会繁荣时期失业的现象，甚至发现观

---

① 黑格尔：《逻辑学》（下），杨一之译，商务印书馆，2016，第253页。

念也不过是资本实体的一个环节。哲学家是用概念去理解直观和表达感觉，直观和感觉都是即时性的，稍纵即逝，前面我已经说过，凡是不可言说的，都是最无意义、最不真实的东西，它们自己不是独立的，唯有在概念里才能保持自己。黑格尔说：

> 我们以为构成我们表象内容的那些对象首先存在，然后我们主观的活动随之而起，通过前面所提及的抽象手续，并概括各种对象的共同之点而形成概念，——这种想法是颠倒了的。反之，毋宁说概念才是真正的在先的。事物之所以是事物，全凭内在于事物并显示它自身于事物内的概念活动。[①]

颠倒的不是黑格尔哲学，而是世界，那些嘲笑黑格尔头足倒立的人不过是对世界的颠倒浑然不知。在资本主义社会，货物、硬币等产生在先，经济联系发生在后，但是一旦经济联系形成了，并且对此形成了概念性的认识，将会发现货物、硬币本身将不是独立的，它们的价值不是自我决定的，而是由全体的经济联系决定。而这样的经济联系就是一定的社会关系，即资本，它是主体，但是看不见摸不着的，

---

① 黑格尔：《小逻辑》，贺麟译，商务印书馆，2016，第336页。

只有通过抽象才能把握，抽象的东西成了统治者和第一性的东西，原本历史发生在前的感性事物反而成为被决定的第二性的存在。

2. 哲学家的使命是发现自由个体冥冥之中的命运

黑格尔所说的概念与普通人所理解的概念有一定的区别，普通人把概念等同于主观思维或没有内容的形式。黑格尔所说的概念确实也具有形式，但是包含内容于自身内。"概念论"是《小逻辑》的第三个部分，概念是存在与本质的真理，既有直接性，又有中介性，既有形式，又有内容。质言之，概念是经历了中介之后又返回到自身的同一性，把存在与本质当作自己的两个环节。

即使我们知道概念是存在与本质的统一，但是，由于我们已经习于认为概念脱离了直观的存在，所以我们仍然不免与黑格尔所说的概念之间存在隔阂，总有一种似懂非懂的感觉。理解黑格尔的概念，关键在于理解"实体的真理就是概念"与"实体即主体"两个论断，必须把概念理解为实体与主体，各种特殊的直观和感觉都只是概念的一个环节。实体只有一个，实体是全体，各种独立的现实之间具有同一性，都是实体自身的设定，属于实体的必然性的环节，现实事物成了自己固有的存在和设定起来的东西，这样的实体就是概念。概念是实体，概念是全体，全体中的每一个环节都构成概念的整体。因此,黑格尔所说的概念是自在自为的自由精神,包括设定的感觉、直观、现实在自身内;概念不是形式与内容的简单拼凑合一,形式与内容构成概念的两个环节,概念是主体,自己设定自己的有限存在作为内容。

《小逻辑》中所有的范畴都是关于绝对(太一)的界说,概念也是一样,在"概念论"中,绝对(太一)是概念。黑格尔说:

> 哲学是概念性的认识,因为哲学把别的意识当作存在着的并直接地独立自存的事物,却只认为是构成概念的一个理想性的环节。①

哲学之所以是哲学,就在于哲学能够发现独立的东西原来并不独立,自由的东西原来并不自由,并且指出真正独立而自由的存在,而这样的存在在普通人的眼里是没有的。在黑格尔的哲学中,真正独立而自由的存在就是绝对(太一),太一是自在自为的实体,一切现实的东西无论其自身多么坚固,也没有实体的必然性坚固,一切坚固的东西都将烟消云散;一切个人无论看起来多么自由,都受太一的必然性的支配。倘若身体内的各个细胞能够交流,它们大概会向对方声

---

① 黑格尔:《小逻辑》,贺麟译,商务印书馆,2016,第329页。

称自己是自由的个体，它们看不见作为绝对的身体，只有细胞中的哲学家才知道全体（绝对）的存在，明白全体才是真正自由的主体，细胞受绝对必然性或命运支配。个人的自由行动都构成绝对理念的一个环节，如同拿破仑成了骑在马背上的世界灵魂，如同资本主义社会的个人自由成了资本实现自身增殖的环节，这就是历史的狡黠之处。于个人而言，绝对及其必然性是自由的人与生俱来的命运。哲学家的前身是巫师，巫师往往预言个人冥冥之中的命运，命运或者说太一的必然性只向哲学家、巫师这一类角色敞开，普通人只看得见眼前的自由运动，而哲学家的使命就是发现自由个体冥冥之中的命运。

但是，个人意识到自己与一切现实事物受绝对必然性的支配带来的不是奴役，不是消极无为，而是解放。把我们从外在的现实事物中解放出来，从狭隘的个体中解放出来，进而把外在的现实事物当成自己的固有的存在，直观到自己与绝对（太一）的同一性，这就是斯宾诺莎所说的关于实体的伟大直观，也是宋代明道先生讲的"仁者以天地万物为一体"的人生境界。当然，黑格尔不止步于斯宾诺莎，黑格尔哲学不仅仅肯定实体的观点，不仅认识到自己与外在事物的同一性，从而达到天人合一，更是把外在事物当成自己设定起来的，把自己当作自在自为的主体以及自由的精神。

3. 概念是自由的王国

存在论的真理是过渡，一个范畴发挥到极致就过渡到另一个范畴；本质论的真理是相互关联，范畴成双成对出现，一个范畴必须通过另一个范畴才能得到理解；概念论的真理是发展，将潜伏在自身中的东西发挥和实现出来。这三者被马克思主义哲学教科书总结为三大规律，质变量变规律、对立统一规律和否定之否定的规律，其中得失，历史将会给出评判。

概念包括三个环节：普遍性、特殊性和个体性。知性思维习于普遍性与特殊性的区分，但是对于个体性范畴却茫然无知，甚至干脆把个体性等同于特殊性。与此同时，知性又将概念等同于抽象的普遍性或者没有内容的形式，概念变成了排除足以区别各种颜色、植物、动物的特殊部分而坚持的共同之点。如果哲学的概念确实如此，那么概念就成了死的、空洞的、抽象的东西了，哲学也变成了枯燥无味的抽象理论了。黑格尔所说的普遍并非是从特殊中抽出的共同点，而是包含着区别的普遍，这样的普遍是一个统摄特殊的主体。而个体并不是直接的个体性，比如某个人或者某个事物，黑格尔所说的个体是自在自为的、特定的东西，它本身是一个全体或者说自在自为的概念，经历了特殊性环节而返回到自身的普遍性。在这个意义上，人的身体相对于细胞来说是个体，它是一个包含特殊性的主体与全体。社会是个体，它也是一个全体，具有自身的意志，又包含社会中各种特殊的存在。

"存在论"和"本质论"在《逻辑学》中是客观逻辑，而"概念论"则是主观逻辑，这并不是说"概念论"是个人主观的形式，而是说直到"概念论"，概念才达到了主体和自我意识。"存在论"和"本质论"的范畴已经是概念了，但还不是自由的概念，"概念论"的范畴则是自由的概念，达到了自我意识的概念，自由地设定对象，外在的现实事物变成了自己设定起来的环节，黑格尔说，概念是自由的王国。当然，最高的概念是绝对理念，前面的所有概念都构成绝对理念的各个环节，每一个范畴都是对绝对理念片面地界定，绝对理念是每一个较低范畴的主体。

判断是事物的演进

[第166~176节]

当我们进行判断或评判一个对象时,那并不是根据我们的主观活动去加给对象以这个谓词或那个谓词。而是我们在观察由对象的概念自身所发挥出来的规定性。

——黑格尔:《小逻辑》,第341页

1. 判断是事物的演进

"概念本身"是原始的全体,"判断"是原始全体的分裂。从"概念本身"到"判断",犹如混沌体自身产生分化,特殊的东西产生了。黑格尔说,"判断是概念在它的特殊性中"①,判断并非一种主观的外在设定,而是概念自身的特殊化和自我区分。在判断中,概念不再是原始太一,而是化身为不同的环节,各个环节都是概念的特殊化,各个环节都与概念具有同一性,但是各个环节本身是相互区别的。人是一个概念,人是有手和脚的——这是一个判断。手和脚没有同

---

① 黑格尔:《小逻辑》,贺麟译,商务印书馆,2016,第339页。

一性,但它们都是概念的环节,与人具有同一性。

判断由主词、系词和谓词三者组成,主词与谓词的连接就是判断。康德把判断分为分析判断和综合判断,分析判断是说明性的判断,综合判断是扩展性的判断,因为前者通过谓词并未给主词概念增加任何新的东西,只不过是把主词分解;而后者的谓词则不包含在主词概念中。黑格尔反对综合判断的说法,综合判断论把主词与谓词的关系看成外在的,判断也就变成了人类主观地联结两方,而这两方独立存在于联结之外。黑格尔实际上提出了"一切判断都是分析判断"的说法,黑格尔认为谓词并非外在于主词,也不是人类强加给主词的性质,谓词是主词自身特有的规定。换言之,任何判断都是概念自身的活动,谓词是概念自身潜在的性质,通过判断,概念将这种潜在的规定性发挥出来了。在黑格尔的说法中,潜在与现实的范畴被引进判断中,黑格尔所理解的判断不是综合判断,而是分析判断,谓词没有给主词增加某种新的东西,因为谓词已经潜在地包含在主词中。

黑格尔有一个说法很有意思,他说每一判断都把主词和谓词表述成同一的,但是很多逻辑学书本却并未指出这个事实,反而固执于主词与谓词的独立。对于黑格尔而言,判断并不是联结两个独立的对象,而是表达两个独立的对象的同一性。如此一来,判断不是给一个对象增加新的东西,而是指出二者的同一性。正如前面所言,概念论的真理是发展,黑格尔所说的判断就是事物的发展，从一颗受精卵演化成一个有鼻子有眼的人，从一粒种子演化成一棵有根、枝、叶的树，人的概念里潜在地包含着鼻子、眼睛，树的概念里潜在包含着根、枝、叶，关于人或者树的判断是将它们潜在的规定显著地发挥出来，并且认识到规定性与概念的同一性。

2. 死亡是无限的否定判断

判断可分为四种不同种类的判断：质的判断、反思的判断、必然的判断、概念的判断。四种判断并不是并列的，价值不同，有高低的价值秩序。知识是由判断构成的，判断的价值秩序意味着知识的崇高与平庸之区分。黑格尔的思想世界并不是杂乱无章的，相反，这个世界表明了存在秩序、价值秩序和意义秩序。在这里，万物各得其所，不同序列的事物有尊卑高下之分，知识也是如此。如果一个人拥有的知识大多是"质的判断"，如"这面墙是白色的""太阳是圆的""阿飞的个子是高的"等，那么，这种知识就是比较肤浅的，只需要感性直观就可以做出判断，只有判断力弱的人才停留于此。而反思的判断、必然的判断、概念的判断处在更高的秩序中，如"达·芬奇的蒙娜丽莎是美的""为了救十个人而谋杀一个人是善的"等，此类判断要求对美与善等概念的认识。

质的判断是最低层次的判断，它是对特定存在的判断。

"这朵玫瑰花是红的",主词是特定的存在,谓词是感性的质。黑格尔甚至认为此类判断压根算不上真理,只能说是"不错"(richtig)的,因为主词与谓词之间的关系不是我们在前面所说的概念与其规定性、实在与概念的关系。这朵玫瑰花与红只在一点上联系,玫瑰花不仅是红的,还有其他特性,比如香气,但没有包含在"红的"中;而且,谓词是一个抽象的共体,其他事物也可以是红的,如衣服也可以是红的,双方的联系是松散的。真正的判断是概念的判断,"某个行为是善的","某个行为"与"善"两方紧密联系在一起,"善"是"某个行为"的灵魂,主词完全为谓词所决定。黑格尔为了阐明质的判断没有真理,他将质的判断分为三种,分别是肯定的判断、否定的判断和无限的判断。质的判断相当于存在论阶段,主词与谓词之间不具备必然的联系,如"这朵玫瑰是红色的",如果碰到白玫瑰,完全可以说,"这朵玫瑰不是红色的,这朵玫瑰是白色的",肯定的判断就过渡到了否定的判断。在简单的否定判断中,"这朵玫瑰不是红色的",谓词仍然具有相对的普遍性,虽然否认了"红色",但至少承认了"颜色",这朵玫瑰花不是红色的,但承认是某一其他颜色。更进一步的否定是无限的判断,如"这朵玫瑰不是水"。如果说在肯定的判断中,我们还会觉得质的判断是"不错"的,那么到了无限的判断,质的判断是毫无意义的便显露无遗。在无限的判断中,主词与谓词变成了完全不相干的，双方的质是异在的，比如精神不是大象、狮子不是桌子等，无限的判断之无真理性昭明显著。

黑格尔谈论判断并不是真的在讨论一般意义的逻辑学或者文法，黑格尔谈论的是世界的本体，正如前面所说，判断是事物的发展，更一般地来讲，判断是一种行为和一个过程。因此，判断可以是民事争端、盗窃、生病和死亡等行为。黑格尔区分了无限的否定判断和简单的否定判断，简单的否定判断是对主词某一特质的否定，而无限的否定判断是主词与谓词完全不相干的判断。黑格尔说：

> 犯罪一事可以认作否定的无限判断的一个客观的例子。一个人犯了罪，如偷窃，他不仅如像在民事权利争执里那样，否定了别人对于特定财物的特殊权利，而且还否认了那人的一般权利。因此他不仅被勒令退还那人原有的财物，而且还须受到惩罚。这是因为他侵犯了法律本身的尊严，侵犯了一般的法律。反之，民事诉讼里对于法权的争执，只是简单的否定判断的一个例子。①

简单的否定判断，如民事争端，只是对某个人特殊权利

---

① 黑格尔：《小逻辑》，贺麟译，商务印书馆，2016，第349页。

的否认，但不否认一般的权利。再如生病，只是对身体某种功能的否定，但不否认身体本身。偷窃是否定的无限判断，死亡也是否定的无限判断。盗贼不仅被公安机关勒令退还物主的财物，而且还要受到法律的制裁，因为盗窃的行为不仅否定了某人特定财物的权利，而且践踏了一般的法律。在死亡中，普遍的身体遭到了否定，身体与灵魂，主词与谓词完全隔绝了。依循黑格尔的思路，改革是简单的否定判断，革命是无限判断，前者是对某一特定政制的否定，但不否认社会一般的政制；后者则要求打碎旧的国家机器，与过去的政制决裂。

3. 普遍性是事物的实体和根本

反思判断与质的判断的不同之处在于，反思的判断的主词不再是直接的质的东西，而是与他物有联系的东西。换言之，反思判断不再是对事物直接性的认识，而是在与他物的联系中认识某物。"这朵玫瑰花是红色的"——此为质的判断，"这朵玫瑰花是可以治病的"——此为反思判断，后者是在与人或者动物的联系中认识玫瑰花的。

反思判断以量为标准可分为单称判断、特称判断和全称判断。单称判断的主词是单一的个体，"这朵玫瑰花是可以治病的"，特称判断的主词超出单一性，"有些玫瑰花是可以治病的"，全称判断的主词具有普遍性，"全部玫瑰花都是可以治病的"。由于只是量的不同，主词的普遍性虽然在扩大，但却是一种外在的联结，只是以一点将所有独立而互不相关的事物概括起来，这种普遍性是共同点，而不是真正的普遍性。黑格尔说：

> 普遍性才是个体事物的根据和基础，根本和实体……个体的人之所以特别是一个人，是因为先于一切事物，他本身是一个人，一个具有人的普遍性的人。这种普遍性并不是某种在人的别的抽象的质之外或之旁的东西，也不只是单纯的反思特性，而毋宁是贯穿于一切特殊性之内，并包含一切特殊性于其中的东西。①

普遍性不仅仅是思维的抽象，它是在一切特殊性之中，并且包括一切特殊性于其中的东西。承认普遍性的真实存在，承认普遍性是一切特殊东西的根据、前提和归宿，而不是仅仅把普遍性当作思维的抽象，这是进入黑格尔哲学的关键。黑格尔所说的普遍性是一种"普照光"和"以太"，一切特殊的东西都是它的外在化，马克思所说的"资本"便是现代社会的普遍性和普照光，一切特殊的东西都被包含在资

---

① 黑格尔：《小逻辑》，贺麟译，商务印书馆，2016，第352页。

本之中。如果用新教神学的语言来表达的话,上帝是普遍性,世间一切事物与个人的遭遇都闪耀着神的光芒,神是万物的根据,神性寓于一切之中。黑格尔哲学的基本原则之一就是从普遍下降到特殊、从抽象下降到具体的思维方法,马克思也是如此,不过黑格尔把从普遍到特殊的过程视为现实的特殊事物的产生过程,而马克思只是将其视为思维对现实的具体事物的展现过程,抽象并不是真正的实体,而只是意识塑造的普遍。

一切事物皆有其实体本性

[第 177~181 节]

然而真正讲来,普遍性才是个体事物的根据和基础,根本和实体。

——黑格尔:《小逻辑》,第 352 页

1. 事物必然地为类所决定

回顾一下,反思的判断是在与他物的联系中表达主词,"这一植物是可以治病的"即是在与人的联系中表达主词的特性。这是反思判断中的单称判断,而反思的全称判断是"所有的 A 是 B","所有的植物都是可以治病的"即是反思判断中的全称判断。在这种判断中,主词在量上扩展到了极致,换言之,主词也成了普遍的东西,"所有的植物"与普遍的"植物"本身是一样的,"所有的玫瑰花"与普遍的"玫瑰花"也是完全一样的。

反思的全称判断已经触及了必然的联系,如"所有的玫瑰花都是可以治病的",这已经对"玫瑰花"的本质进行了必然的判断。因此,从反思的判断便发展到必然的判断,必然的判断与反思的全称判断的主词都是普遍的,前者与后者的不同之处在于谓词,后者的谓词不是排他的普遍,如"可以治病"并不是排他的普遍性,还可以是"有颜色的",而前者则是排他的普遍性,如"黄金是金属"。

必然的判断也分为三种:直言判断、假言判断和选言判断。直言判断的谓词包含了主词的本性,而且是排他性的本性。譬如,"黄金是金属",谓词"金属"是主词"黄金"的本性,而且是排他性的规定。假言判断形式是"如果有甲,那么就有乙",譬如,"如果外头有雨,那么地就会湿"。假言判断的主词与谓词是独立的,它们的同一性是内在的,需要通过分析才能明白,明白"雨与湿"的同一性。我们曾经在本质论中读到过必然性的三个环节,实体与偶性、因果关系与相互作用,在概念论的必然判断中,存在对应的关联,直言判断相当于实体与偶性环节,金属是实体,黄金是偶性;选言判断相当于因果关系,雨是原因,湿是果。黑格尔说:

> 在假言判断里,内容的规定性表现为中介了的,依赖于对方的。这恰好就是因与果的关系。一般讲来,假言判断的意义,即在于通过假言判断,普遍性在它的特殊化过程中就确立起来了。这样便过渡到必然判断的第三种形式,即选言判断。①

---

① 黑格尔:《小逻辑》,贺麟译,商务印书馆,2016,第354~355页。

选言判断的形式是"甲不是A,必是B或者C",A、B、C三者与甲是同一的。学校里的人不是教师,必是学生或者学工或者后勤人员。在选言判断中,普遍性的内容通过特殊的环节——确立了起来。

必然性判断读来无趣,与普通逻辑相比较,可能远不如普通逻辑精密,也解决不了普通逻辑的疑惑,倘若打算研究普通逻辑,坦白地说,黑格尔的逻辑学是不适宜的。黑格尔关于逻辑学、关于判断的一切论述都不是我们所熟知的逻辑学和判断——一种脱离内容的形式——黑格尔的逻辑学和判断是世界的本体,必然性判断不是一种可以随处套用的判断形式,而是世界的发生和演进的必然性。质言之,黑格尔并不是在谈论逻辑,而是以逻辑论述本体,谈论的不是某一知性科学,而是哲学本身。在直言的必然判断中,谓词包含有主词的本性,黄金是金属,这不过是普通逻辑所说的"种加属差"的下定义方法,但黑格尔醉翁之意不在酒,他想通过直言判断表述这样一条原则,即一切事物都是直言判断,一切事物皆有其坚定不变的基础或实体本性,我们必须从类的观点去认识事物。黑格尔哲学的原则之一即是从类的观点、从真正的普遍去认识一切,从实体本性去认识个别的事物,因为个别的事物必然地为类所决定(马克思继承了这一点,马克思把人的本质当作一切社会关系的总和)。在必然的假言判断之中,黑格尔之意也不在普通的因果判断,而在于表明真正的普遍通过特殊环节展开自身，因与果构成真正普遍性（概念）的环节之一，而必然的选言判断则穷尽了所有的特殊环节。

普通逻辑讨论的判断是形式，没有涉及内容，似乎这是普通逻辑的一个缺陷，可是一旦涉及内容，普通逻辑就不再是其自身了，而是本体论的一种言说了，这样也就把逻辑的过程当作世界的本体意义上的演进过程了，而这正是黑格尔的做法。物理学、化学等知性科学也是脱离内容的形式，但若要不脱离，那么谈论的就不是物理或者化学的了，而是本体论了，就把物理学的范畴当作世界的不同演进环节了。因此，"做到内容与形式的统一""反对脱离内容的形式"，对于黑格尔主义者和理念本体论之外的人是做不到的，也无须做到。

2. 直接知识说是确然判断

必然的选言判断穷尽了所有的特殊环节，已经接近了概念的判断，概念是普遍与特殊的统一。黑格尔说：

> 概念的判断以概念、以在简单形式下的全体，作为它的内容，亦即以普遍事物和它的全部规定性作为内容。[①]

[①] 黑格尔：《小逻辑》，贺麟译，商务印书馆，2016，第355页。

因此概念的判断处理的是特殊环节与普遍之间的关系。

概念的判断也分为三种，确然判断、或然判断和必然判断。确然判断的主词是个体事物，以普遍性为谓词，"这幅画是美的"，概念的确然判断就是判断个体事物是否符合真正普遍性（真、善、美等）概念。直接知识说是确然判断。黑格尔认为由于外在的权威在文艺复兴之后被打倒了，诉诸内心的理性、启示等成为直接知识说的原则，确然判断具有主观的特殊性。

既然确然判断具有主观的特殊性，一个人可以认为"这幅画是美的"，那么另一个人也可以依据自己的主观而判定"这幅画是不美的"，这就是或然判断。最后一个判断是概念的必然判断，其主词不仅仅是主观的对象，而且包含"类"的特殊性环节时，概念判断就由主观性进展到客观性了。譬如"这幅画是美的"，这是一个确然判断，但是当主词包含有客观的特殊性环节时，如"这幅画达到了画中有诗的境界，是美的"，"画中有诗的境界"是"美"的客观的特殊性环节，这样的判断就是概念的必然判断，而不仅仅是主观的确信、启示等。

概念的必然判断已经是一个潜在的推论了，"这幅画达到了画中有诗的境界，是美的"，已经是推论的原型了。

3. 一切事物都是推论

推论是概念和判断的统一，推论是概念的完全实现和发挥，也就是返回到同一性的概念；推论通过判断设定起来，各个判断构成推论的诸多规定的差别。

与前面的判断一样，令人匪夷所思的是黑格尔为什么要谈论推论以及将普通逻辑的内容引入哲学？首先，黑格尔所说的推论固然也包括形式的知性推论，但黑格尔的着眼点在于理性推论。其次，黑格尔认为推论就是理性。思想家使用最多的就是理性，但是理性的规定，或者说什么是理性，却不曾得到思考。黑格尔认为理性就是推论，而且任何理性的东西都是推论。最后，一切事物都是推论，任何事物，要么是个体，要么是特殊，要么是普遍，黑格尔在之后的论述中证明了个体、特殊和普遍是一个东西，因此任何事物都是推论的观点，也是合理的。在此阶段中，绝对就是推论，我们眼前的个体事物不过是推论的个体性环节，推论是任何事物真理性的根据。黑格尔的目的在于说明这样一件事，概念、判断、推论并非仅仅是个人的主观活动，也不仅仅是认识世界的形式，而是客观的世界存在本身的逻辑，只不过带着主观性而已。黑格尔说：

> 推论正如概念和判断一样，也常常单纯被认作我们主观思维的一个形式。因此推论常被称为证明判断的过程。无疑地，判断诚然会向着推论进展。但由判断进展到推论的步骤，并不单纯通过我们的

主观活动而出现,而是由于那判断自身要确立其自身为推论,并且要在推论里返回到概念的统一。[①]

推论分为知性推论和理性推论,在知性推论中,推论的三项(个体性、特殊性和普遍性)是毫不相干的独立存在,而在理性推论中,推论中的三项互为中介环节,主词通过中介过程,使自己和自己相结合,这样它才是真正的主体。理性的对象是超感性的对象、无限的对象,但不是无内容的、无规定的普遍性,它作为普遍性必须包含特殊和个体,作为个体又须具有特殊性和普遍性于自身,譬如自由、世界、上帝等。自由不是与必然相对立之物,而是包含必然于自身;世界不是与你我相外在之物,而是包含你我于其中,作为世界的中介过程;上帝也不是外在于世界的,不是一个抽象的普遍本质,而是特殊性、个体性与普遍性的统一。各个环节的过程都仅仅是自己的运动,如此,我们才说理性对象是真正的主体。

---

① 黑格尔:《小逻辑》,贺麟译,商务印书馆,2016,第358页。

我们时刻都在推论

[第 182~192 节]

譬如，当一个人于冬天清晨听见街上有马车辗轧声，因而使他推想到昨夜的冰冻可能很厉害。这里他也算是完成了一次推论的活动。这种活动我们在日常多方面的复杂生活中不知道要重复多少次。

——黑格尔：《小逻辑》，第 361 页

1. 我们每时每刻都在做推论活动

推论依次分为质的推论、反思的推论、必然的推论三个环节，下面分别阐述这三种推论。

质的推论就是定在的推论，即普遍物与其定在的关系的推论，它的第一个形式是 E—B—A（个体—特殊—普遍），个体通过特殊而与普遍相联系。"张三经常给妈妈捶背，他是一个孝子。"张三是个体，"经常给妈妈捶背"是特殊，"孝子"是普遍。实际上这种形式的质的推论就是三段论，大前提是"给妈妈捶背的人是孝子"，小前提是"张三经常给妈妈捶背"，结论是"张三是孝子"。直接的个体事物是认识的对象，即主词，从认识的对象中挑出任何一个特殊方面,通过特殊方面来证明直接的个体事物是一个普遍的东西。所以这种推论中的各项是完全偶然的,这也是三段论的问题所在,人们只需随便拾取一个中项,即可推出所欲得出的结论,从自己的利益出发,抓取有利的中项为自己的利益辩论,甚至得出相反的结论。"张三从来没有帮妈妈做过家务活,他不是一个好儿子,更谈不上孝子了。"替换一个中项,个体的普遍性质可能是相反的。现实生活中,质的推论不断地在发生作用,譬如在民事诉讼中,律师的职责就是强调对当事人有利的法律条文,法律条文不过是一个中项罢了。黑格尔说:

> 譬如,当一个人于冬天清晨听见街上有马车辗轧声,因而使他推想到昨夜的冰冻可能很厉害。这里他也算是完成了一次推论的活动。这种活动我们在日常多方面的复杂生活中不知道要重复多少次。①

在实际生活中,我们每时每刻都在做推论活动,不过日用而不知罢了。出门感觉到了冷,我们知道今天降温了;摸到自己的额头很烫,可能自己生病了;超市的粮食被民众一抢而空,可能在流传粮荒的谣言,等等。在我们日常生活

---

① 黑格尔:《小逻辑》,贺麟译,商务印书馆,2016,第361页。

中，不知道要进行多少次推论活动，否则我们无法正常生存。聪明的人善于推论，愚蠢的人只相信眼见为实。

质的推论的第二个形式是 A—E—B（普遍—个体—特殊），普遍通过个体性的事物而与特殊相结合。"张三是一个孝子，他经常给妈妈捶背，所以给妈妈捶背是孝子"，或者"今天降温了，我的手冻伤了，所以温度低会冻伤手"。第二个形式是从普遍出发，或者说从第一个形式的结论出发，通过个体而达到普遍与特殊的关联，或者用形式逻辑的话说，这是从大前提出发，以结论为中介，最后达到一个新的结论，即小前提。质的推论的第三个形式是 B—A—E（特殊—普遍—个体），"今天天气降温了，温度低会冻伤手，他的手肯定冻伤了"，"他是一个孝子，孝子会给妈妈捶背，他今天肯定给妈妈捶背了"。

质的推论的三种形式，并不是远离我们的抽象形式，我们在生活中处处都在使用它。当我们给一个事物定性的时候，实际上使用的便是第一个形式，通过事物某个特殊方面而给其定性；当我们试图发现生活规律的时候，通过对个别事物的研究，由公理推出定理，使用的是第二个形式，自然科学家经常使用此推论形式；在预测某事物时，使用的是第三个形式，普遍规律掌握了，个体若处在其中，那么我们便可知个体的未来了。

推论是一门科学，无须完全理解它，但也不妨碍许多人正确地使用它,比如自然科学家或者预言家,以及日常生活中的众人。正如人不需要学会解剖学和生理学知识就会呼吸和消化,普通人也不需要学会推论就能够进行推论活动。事实上,哲学与生活的关系就是这样,不需要系统而明白地去学习哲学就能够生活,生活本身包含着哲学的真理,反而,一些哲学家误入歧途,就像还没有掌握真理的蹩脚医生,把好端端的自己治死了。哲学无它,不过是理解现实世界的真理,并顺应天命。

2. 生活中的反思推论

推论的第二个环节是反思的推论,反思的推论克服了质的推论中各项的偶然性,推论的中项不再是主词偶然的特性,而是主词的具体化,中项是个体性。

反思推论的第一种形式是全称推论,凡金属皆导电,铁是金属,故铁导电。铁作为中项不是偶然的,而是个别的具体的金属。全称推论是典型的分析推论,结论包含于大前提之中,这一推论没有增加新的知识。

反思推论的第二种形式是归纳推论,铁导电、铜导电、银导电,这些物体是金属,故金属皆导电。"天鹅事件"将会造成归纳推论的无效。现代自然科学与社会科学研究的主导的思维方式是归纳推论,归纳推论仅仅是一种假设,它仅能保证迄今为止的有效性,因而不能称为真理。这也导致一些科学哲学家（波普尔）干脆提出任何科学都是一种假说。

第三种形式是类比推论，铁导电、铜导电、银导电，这些物体是金属，铝也是金属，所以铝也导电。类比推论是理性的本能，当我们发现同类事物具有某一特点时，我们自然会猜测同类的另一事物也具有这一特点。刘家村的甲偷窃，刘家村的乙和丙也偷窃，我们自然会猜测刘家村的丁也是盗贼，我们常说的"人以群分，物以类聚""有其父必有其子"等便是已经熟知的类比推论。但是类比推论并不是完全正确的，也仅仅是一种猜想，一个人偷窃不完全是以所属的类为根据，还有其他条件。地球是一个星球，地球上有人居住，月球也是一个星球，但是我们不能断定月球上也有人居住。地球有生命并不只是以地球是星球为根据，还有其他条件，比如被大气围绕等，而这恰恰是月球所没有的。

这三种反思的推论在现代自然科学中十分流行，黑格尔指出了它们的局限性，它们可能陷入毫无意义的形式主义（分析推论）以及沦为无聊的游戏（归纳和类比推论）。于普通人而言，分析的推论帮助我们运用规律，规律不再是抽象的，而是可以现成使用的。我们在生活中使用任何规律或者科学研究来进行思考时都是在运用分析的推论（全称推论）。比如物理学的万有引力定律，使我们明白地球上的某一存在受重力影响。比如"恋爱中的男女智商会变低"，张三最近在谈恋爱，那么他就可能犯傻。全称推论是一种活学活用、学以致用的生活态度；归纳推论和类比推论则帮助我们自己总结生活的智慧，"吃一堑长一智"描述的是一种归纳推论；"举一反三"描述的是一种类比推论。

必然的推论也分为三种形式，按照特殊、个别与普遍依次为中介可分为直言推论、假言推论和选言推论。直言推论是以特殊为中介：资本主义社会有阶级斗争，近代中国是资本主义社会，所以近代中国存在阶级斗争。阶级斗争是中介。假言推论：如果有甲，那么就有乙。现在有了甲，所以有乙。如果有资本主义，那就有阶级斗争，近代中国发展了资本主义，那么近代中国一定存在阶级斗争。资本主义是中介。假言推论把直言推论里事物的真理表达出来了。选言推论：近代中国的选择或者是君主立宪，或者是议会共和，或者是人民共和，近代中国选择了人民共和，那么就一定不是议会共和或者君主立宪。从单纯概念到判断，最后到推论，我们的认识也从单纯的混沌到差别，最后到万物一体的统一。

推论看似是一个抽象的范畴，实际上我们在生活中处处都在推论。"学以致用""吃一堑长一智""举一反三"都是我们生活中的智慧，究其根本是一种推论活动。

哲学的任务是消除我们与世界的生疏感

[第193~194节]

正如宗教和宗教崇拜在于克服主观性与客观性的对立，同样科学，特别是哲学，除了通过思维以克服这种对立之外，没有别的任务。认识的目的一般就在于排除那与我们对立的客观世界的生疏性……

——黑格尔:《小逻辑》，第379页

1. 逻辑理念是自然与精神的绝对实体

推论并不只是一主观思维规则，黑格尔的推论所表明的是:"一切理性的东西都是三重的推论，而且，推论中的每一环节都既可取得一极端的地位，同样也可取得一个起中介作用的中项的地位。"① 黑格尔在推论中论述了他的哲学体系的基本框架，与普通人所设想的唯心主义框架是不同的，并不是把哲学体系分为自然与精神、思维与存在两大部分，而是分为逻辑理念、自然和精神三大部分，大多数对黑格尔一知半解的人是从来没有真正理解逻辑理念的，仅仅将其视为精

---

① 黑格尔:《小逻辑》，贺麟译，商务印书馆，2016，第366页。

神的一部分,黑格尔哲学体系的三部分变成了两部分。更紧要的,我们甚至不能以"部分"来表达它们,"部分"没有表达出三者之间的复杂关系,似乎仅仅是并列的,或者简单对立,或者决定与被决定的关系。在黑格尔哲学体系中,三者都可以成为中项,它们是互为中介的关系。逻辑理念是中项,它是自然与精神的绝对实体,是普遍的、贯穿一切的东西。精神是中项,通过个体的、主动的精神,我们得以在自然中认识到逻辑理念,并且升华自然返回到它的本质。自然是中项,精神与逻辑理念以自然为中介。

推论是主观概念的最后一个环节,而紧接着主观概念范畴的是客体,从推论到客体的过渡一直以来令人匪夷所思,即使是黑格尔自己也承认,这种过渡"初看起来,好像很奇怪",并且对此做了冗长的"说明"。事实上,在我看来,理解了从推论(主观概念)到客体的过渡也便理解了黑格尔唯心主义的关键一环。

在当前流行的科学思维中,推论被视为一种单纯主观和形式的思维,之后被运用到客体之中,以便产生科学知识。因此,推论是主观的形式,客体是固定而独立自存的东西,二者之间存在着无法跨越的鸿沟,人类仅仅能够在现象的范围内肯定客体的真理。黑格尔承认概念本身、判断和推论是主观的,但是这并不意味着主观性的概念本身、判断和推论是一副空架子,须从外界去寻找客体加以填满。

黑格尔反对二元论，推崇一元论，拒绝武断地接受主观性与客观性的分离，试图在逻辑理念中弥合分裂的主观性与客观性，他的方法就是把客体视为概念的实现，将客观性视为主观性之后的逻辑理念。如此一来，主观与客观的对立消失了，而且确立了客观主义或者说批判主观理性、主观主义的思想。

客体是概念的实现，客体与概念一道构成返回到自身的全体，所以，在黑格尔的世界中，再也没有什么外在的事物了，即使于自我意识而言是外在的客体，其实也是绝对理念的一个中介环节，即概念的现实化。主观的概念与客体都是绝对理念的环节，后者是绝对理念外在化、现实化的环节，但客体与其他环节一起构成了有差别的全体，各个环节虽然是有差异的，但又是同一的。另外，客体是直接的朴素的存在，只是作为概念的中介环节而言才是如此；同样，概念的主体规定性，只是与客体对立之后才是如此。客体并不简单等于朴素的无概念的存在物，概念并不是永远意味着主体规定性。这样就导向了一种在客体之中发现理性与概念的思想路径，最终的结论是黑格尔的那句名言——"凡是现实的，都是合乎理性的，凡是合乎理性的，都是现实的"。现实并不是外在于理性，理性不能局限于主观理性，现实之中本身存在理性，而且是更高阶段的理性。客体本身的理性是一个高于主观理性的环节。

因此，我们在此可以从客体方面去理解黑格尔的唯心主义。用唯物主义的话讲，客体即物质，但是"物质"在朴素的唯物主义者那里（包括费尔巴哈的唯物主义）却仅仅是抽象的质料。黑格尔的客体具有三个性质：第一，客体是概念的现实化、外在化、差异化；第二，概念本身与客体是同一的全体，前者代表抽象的同一，后者是同一自身所实现的差异，二者是同一的；第三，客体并不是朴素的、无思想的存在物，而是内蕴理性的，只不过它自身没有意识，需要人的自我意识照亮客体自身的理性。马克思在《关于费尔巴哈的提纲》中所表达的新唯物主义便可看作对黑格尔哲学的创造性的发挥。

2. 认有限事物为不真才能消除主客对立

概念与客体的统一，即思辨同一性，这是黑格尔哲学的出发点。从概念到客体的关键在于认有限事物、客体为不真（片面），有限事物与客体是概念流溢出来的对象。

理解黑格尔所说的统一并不容易，如果仅仅是颠倒唯物主义，从物质决定和产生意识、客体决定和产生概念变成意识决定物质、概念决定客体，那便与黑格尔哲学相去甚远了。事实上，连黑格尔自己都认为很难消除对思辨同一的误解，黑格尔说："这个意思我们已经重说过多少遍，但如果想要根本消除对于这种肤浅思辨同一性陈腐的完全恶意的误解,无论重说多少遍也不能说是太多。"① 有一种想法认为概念与客体潜在地同一,譬如眼前的柳树与柳树概念的潜在同一,但黑格尔认为"潜在同一"的说法并不能表达真实的关系,因为既可以说眼前的柳树及其概念是同一的,也可以说是不同的。黑格尔所要表达的思辨同一、概念与客体的统一必须扬弃各自的片面性,建立在全体性之中,将概念与客体都视为全体的片面环节,前者是全体的主观性,后者是全体的实在性。面对思维与存在的对立,黑格尔说:

> 这种分歧和对立只有这样才能解除,即指出有限事物为不真,并指出这些规定,在自为存在〔分离〕中乃是片面的虚妄的,因而就表明了它们的同一就是它们自身所要过渡到的,并且在其中可得到和解的一种同一。②

思有同一,比较著名的思想史公案是安瑟尔谟的"上帝存在的本体论证明":一个无与伦比的东西不仅存在于思想中,也必定存在于事实中。黑格尔认为安瑟尔谟的问题在于将思有同一建立在主观基础之上(思想与存在在我们的意识里有不可分离的联系),因此黑格尔批判了安瑟尔谟的主观

---

① 黑格尔:《小逻辑》,贺麟译,商务印书馆,2016,第375页。
② 黑格尔:《小逻辑》,贺麟译,商务印书馆,2016,第377页。

性。另外，黑格尔认为安瑟尔谟的真正缺点在于一开始便把有限事物与无限事物对立了起来，将存在与精神对立起来。黑格尔所想要表达的是，只有认识到有限事物是不真的、片面的、虚幻的，才能建立有限与无限的同一；认识到客体乃是概念外在的对象与环节，才能理解客体与概念的同一。

3. 哲学的任务在于克服主客体的对立

从主观概念过渡到客体，在客体环节中，绝对是客体。客体是一全体，但是又分裂为许多有差别的事物，每一事物本身又是一个全体。把绝对视为客体，在黑格尔看来，这对应着思想史中莱布尼茨的"单子论"，整个世界是一个统一体，分裂为无穷多的单子。单子不是原子，原子是可分的，单子是不可再分的实体，每一个单子都是一个全体，单子没有广延、不受外部作用，单子之间的联系来自上帝所设定的"预定和谐"。每一单子相对于其他单子是独立的全体，但是，在上帝安排的"预定和谐"中，每一单子自身又是不独立的。单子是精神实体，物质是广延，广延是可分的，不可分的单子是精神实体。与莱布尼茨不同，笛卡尔把精神实体局限于人的意识，人的意识之外的东西都归结于非精神的物质实体。莱布尼茨认为，从自然、动物到人的心灵，这些事物具有不同程度的精神，不同单子的差别仅仅是精神性的、观念性的，从自然无意识的能动力量到动物的感觉，最后到人的自我意识，差别在于精神。而黑格尔在这里所说的客体也不是如一般人的朴素观点所认为的物质实体，而是精神实体。

绝对是客体，上帝是客体，个人的意识和特殊意志相对于上帝是完全没有真理和没有效力的，在上帝的巨大光芒面前，一切有限的特殊精神都相形见绌。因此，如果停留于此，那么如费希特所言，这就是奴隶式的恐惧的观点，上帝变成了令人恐惧的主宰者，个人沦为根本没有一点自我能力可言的奴隶。在黑格尔看来，上帝并不是一个与主观性相对立的、黑暗的敌对力量，而是把主观性作为自身的环节，所以上帝对人来说便不是外在的、单纯的客体了，也不是令人恐惧的对象，人能够达到与上帝的合一，人的真正的本质是上帝。正是在这个意义上，克服了主客体的对立；也正是在这个意义上，黑格尔统一了实体的观点和主体的观点。拉康通过对人的心理学分析指出，个人自我的存在本体有可能在他自己的身心之外[①]，大他者才是有限个人的真实本质。当然，在拉康这里，大他者似乎是令人恐惧的对象，而在黑格尔主义看来，实体、上帝、绝对理念确实也可以看作大他者，但这个大他者是个体得到解放和获得意义的神圣的存在，我们与大他者是合二为一的。但是拉康的这个词本身却

[①] 张一兵：《不可能的存在之真：拉康哲学映像》，上海人民出版社，2020，第4页。

潜在预设了个人与其神圣本质的生疏性，包含了个人对其神圣本质的仇恨反抗的意识。

克服主客体的对立，也许有人觉得可有可无，尤其是在自然科学不断切割、细分的思维方式的笼罩下，克服主客体的对立早已在哲学界被淡忘了。但是，在黑格尔看来，哲学除了通过思维去克服这种对立之外，没有其他任务！这相当于重新定义了哲学，哲学并不是什么爱智慧，也不是主体认识能力的不断堆积，而是排除我们与客观世界的疏远性，克服主客体、我与物的对立。这与中国的道学家程颢、张载等人的"万物一体"思想是一致的。程颢说，仁者以天地万物为一体，莫非己也（《程氏遗书》卷二）。张载说，合内外，平物我，自见道之大端（《经学理窟》卷三）。无论东西方，伟大的哲学家都把学问的最高目的归为克服主客对立、物我对立，世界不再仅仅是我们认识与利用的对象，我们与对象世界是同一的，一草一木皆是我们自己的身体。

黑格尔在《美学》中说：

> 自由首先就在于主体对和它相对立的东西不是外来的，不觉得它是一种界限和局限，而是就在那对立的东西里发现它自己。就是按照这样形式的定义，有了自由，一切欠缺和不幸就消除了，主体也就和世界和解了，在世界里得到满足了，一切对立

和矛盾也就解决了。①

自由是精神的最高规定,也是一种人生境界,这种境界如同中国哲学的"仁者境界",并不是对外在自然或者世俗世界的抵抗、逃离,而是能够在外在的世界当中发现自己,外在的对象成为自己的一部分。麻木不仁的人才无法感知我与对象的同一关系,仁者以天地万物为一体。

---

① 黑格尔:《美学》,朱光潜译,商务印书馆,1996,第124页。

高级原则丧失作用时，低级原则沉渣泛起

[第195~203节]

但机械性却是一肤浅的、思想贫乏的观察方式，既不能使我们透彻了解自然，更不能使我们透彻了解精神世界。在自然里，只有那完全抽象的纯惰性的物质才受机械定律的支配。

——黑格尔：《小逻辑》，第381页

1. 机械性原则并不能穷尽自然界的真理

机械性范畴一般被认为是适用于自然界的范畴，不过自然界的真理也不是机械性范畴所能穷尽的。在自然里，只有完全惰性的物质才受机械定律的支配，甚至无机物的一些物理现象，比如光、热、磁等，机械性范畴也解释不了。而在有机的自然界中，机械性范畴将显得更加不充分，无法用机械性的范畴去解释植物生长、动物的感觉等。黑格尔的世界是一个秩序井然的世界，对象不同，理解对象的范畴也不同，而且其中存在高低的等级。从无机物、有机物到植物、动物和人，这些对象的等级是有高低差别的，所以也必须用不同等级的范畴去解释。若是本该使用与机械性相比更高级

的范畴解释对象,仍然固守单纯的机械性范畴,则阻碍了我们对世界的理解。在黑格尔之前的自然科学家曾经停留于机械性范畴,将机械性范畴推广到对整个世界的认识,于是得出一些奇奇怪怪的结论。譬如18世纪法国思想家拉美特利有一个著名的论断,"人是机器",此即以低级的范畴去解释高级的事物。近代中国在面对新兴的西方文明时,空间的隔绝导致文明时间的不一致,于是便在同一个时间中出现两种不同等级的文明,处在文明碰撞与时代震荡中的人们更可能以低级的范畴去理解当时出现的新事物,这可以是一个开始,但只有摆脱了低级范畴而代之以更高级的范畴,才算真正理解了新的事物。一般说来,人们总是习惯用低级范畴去理解高级范畴,当出现一个新事物时,人们说这不就是过去的什么什么吗,比如用骑驴理解骑电动车;当出现一个新的观念时,也是如此,生物学出现时,仍然有不少人用物理学的机械性范畴去理解生物学的生命范畴。

如同对待其他范畴一样,黑格尔对待机械性范畴的态度是:拒绝把机械性范畴冒充为概念性的认识以及绝对唯一的认识,同时也必须承认它作为一种普遍逻辑的权利与意义。虽然机械性不足以解释自然界,但须知,它的适用领域超出了自然界,在人类社会领域,机械性范畴仍然有它存在的必要性,以解释一些现象。行尸走肉般地完成所有的宗教或者政治仪式,但没有一颗虔诚的心,这样的宗教或者政治信仰就是机械的。形式上应与爱人做的事一件也不落下，但无发自内心的情感，这样的恋爱就是机械的。死记硬背一句话或者一篇文章，而不了解其中的意义，这样的学习是机械的。黑格尔说：

> 如果一个人的行为、宗教信仰等等纯是为仪式的法规或由一个良心的顾问所规定的，如果他所做的事，他自己的精神和意志都不贯注在他的行为里，那么这些行为对于他便是外在的，也就是机械的。

当然，机械性也有其必要性，缺乏机械的记忆、仪式和形式也可能引发很坏的后果，"酒肉穿肠过，佛祖心中留"便是信仰领域的另一个极端。

人相比于无机物，虽然是更高级的存在，机械定律已经无法解释人的存在了，但这只是说机械性范畴在解释人时退居次要位置，当一些特殊情况时，机械性范畴也有其存在的意义。当人的胃病犯了，胃就会感觉到一种机械的压力，而在正常情况下，进食量更大也可能不会感受到这种压力。当人疲劳时，便可感受到脑袋以及四肢所带来的沉重的压力。高级的机能丧失作用时，低级机能便开始凸显了，认识它的范畴也转为相应的低级的范畴了。从物物交换的原始社会，到一般的商业社会，再到高度发达的资本主义社会，财富的观念一直在变化，从一头羊，到一块金子，再到一张钞票。在一些特殊情况，更低级的财富观念也会在高级社会凸显出来，直至成为主导的财富观念。在资本主义社会发生危机时，人们疯抢的不是钞票，而是金子，甚至是实物，比如一头牛或者一袋米，危机越严重，财富的观念便越往前倒退。

2. 麻袋里的马铃薯是形式的机械性联系

正如前面所言，机械性并不局限于自然、无机物和机器等对象，机械性在《逻辑学》中是一个精神原则，在这种原则的支配下，物与物之间的联系是外在的联系。两种事物若是处在外在的联系之中，那么其中的事物进入或者脱离这种联系都对该事物的性质没有影响。麻袋里的马铃薯，把一个或者多个拿出来或者放进去，并不影响马铃薯的性质，因为这些马铃薯之间的联系是机械的、外在的联系。对照来讲，如果两个或者多个事物之间不是机械性的关系，不是外在的关系，而是内在的关系，那么进入或者脱离这种关系便会影响到它们的独立性质：把胳膊从人的身上割下来，胳膊一旦脱离与身体其他器官的联系就不再具有原来的功能和性质了。显然，这样的联系就不是机械性的。

机械性分为三个环节，第一阶段是形式的机械性，第二阶段是有差别的机械性，第三阶段是绝对的机械性。

形式的机械性是纯粹的、完全的外在联系，各个差别的东西的偶然聚合，譬如前面所说的麻袋里的马铃薯，它们相互之间毫无联系，之所以能够变成组合的客体，纯粹是由于外力的作用——麻袋把它们装在一起。前现代的自然经济下的农民，自给自足，相互之间的联系也是机械性的联系，通过外在的行政权力连在一起。又如一盘散沙，只是由于偶然集合在盘子里，沙粒之间毫无内在关联。形式的机械性是低级的范畴，一旦在人类活动中占据主导地位，那么往往会带来灾难。当一支军队内部的关系变成形式机械性的关系时，士兵之间相互外在，那么这支军队就一定毫无战斗力，必定沦为一支溃散的军队，随时作鸟兽散。

有差别的机械性的客体，"指向着并联系着外在的事物"，客体是独立的，但是关系不再是完全的外在的关系，而是存在中心，处在中心的事物对其他事物是有吸引力的。在张世英先生看来，这是一种有倾向性的外在联系，比如引力、欲望等。[①] 有差别的机械性不再是完全的外在联系，各自以自身为中心联系着其他事物。磁与铁虽然是外在的，但是二者存在吸引力的关系。虽然美食与人各自具有独立性，但是美食对人存在诱惑力，人不自觉要去接近它。社会中的陌生男女在一定意义上也是有差别的机械关系，虽然可以各自独立生存，但二者之间却存在吸引力。

[①] 张世英编著《黑格尔〈小逻辑〉绎注》，吉林人民出版社，1982，第487页。

绝对的机械性即绝对的中心性的机械关系，这里的中心不是每一个事物，而是唯一的实体。那唯一的实体是绝对的中心，各个有差别的客体是绝对的中介和环节，有差别的个体是一种分离力量，唯一的实体作为绝对的中心是一种聚合的力量。唯一的实体是系统，而各个子系统具有独立性，但又以系统本身为绝对的中心。

机械性是客体的直接性的环节，在机械性环节中，客体的差别是直接的、外在的和抽象的差别，客体的一切规定都是外在地设定起来的，譬如通过力建立起诸多有差别事物的统一体，因此，这样的客体像是一个拼凑起来的东西。初级阶段的机器人便是以这样的原则构造出的，这种机器人的内部诸多零件处在外在的关联之中。从直接性环节继续发展便到了反思性环节，这就是客体的第二个环节——化学性。

在化学性环节中，客体的差别不再是外在的、抽象的差别，而是一种互相联系的差别，在分解与化合的联系过程之中。在化学性环节中，各个事物进入或者脱离相互联系并不是无关紧要的，而是会产生性质变化的，各自独立的特质在新产生化合物中被扬弃了。氧气与氢气之间的关系是化学关系，一旦接触就产生新的事物——水，氧与氢在水中被扬弃了。

主观的东西不永远是主观的

[第 204~212 节]

对那些大谈有限事物以及主观事物和客观事物固定性和不可克服性的人来说,每一个意欲的活动都可以提供相反的例证。意欲可以说是一种确信,即确信主观性同客观事物一样,也并不仅仅是片面的,没有真理的。

——黑格尔:《小逻辑》,第 391 页

1. 主观的东西不永远是主观的

目的最初确实只是一个主观性质的东西,它与客体之间是对立的。练出八块腹肌的目的与作为客体的身体上的赘肉之间最初是对立的,主观与客观之间存在一条鸿沟,目的与客体之间分列两端,自在而无关系。但是目的并不是消极的意识,而是一种主动的力量,它具有一种吞噬一切客体的威力,在这种威力面前,客体不再能够孑然一身,它在目的面前变成了一种不实的、不坚硬的东西,质言之,客体的独立性消失了。黑格尔说:

目的虽说有它的自身同一性与它所包含的否定性和客体相对立之间的矛盾，但它自身即是一种扬弃或主动的力量，它能够否定这种对立而赢得它与它自己的统一，这就是目的的实现。①

身体上的赘肉并不是永恒的独立存在，它会被练出腹肌的目的所重新塑造。这一点，在动物世界和人的食欲那里已经表现了它的真理，嫩草在饿牛充饥的目的面前、羚羊在猛狮觅食的目的面前、岭南荔枝在杨贵妃品尝的目的面前，都丧失了自身的独立性。最初，它们虽然都是独立的客体，然而在目的面前客体不再独立了。一切客体在目的面前都是不实的存在。

黑格尔所要表明的并不仅仅是客体在主观性的目的面前丧失独立性，而且是目的的主观性自身也具有片面性。目的的主观性质与绝对理念的全体性相比较具有片面性，目的的主观性质与目的的过程及其最终结果相比较也具有片面性，主观目的与客体都是目的性过程的片面环节。另外，马克思主义提供了另一种视角：人在改造客观世界的有目的的实践活动中也改造了自己。

主观与客观的对立取消了，达到了黑格尔理想境界的

---

① 黑格尔:《小逻辑》，贺麟译，商务印书馆，2016，第377页。

门槛,在这种境界里,主观的东西不永远是主观的,客观的东西不永远是客观的,主体与客体初步实现了统一。黑格尔第一次把主观的东西提升到本体的高度,主观的东西不再仅仅是一种想当然,不再是一种在客观世界面前虚弱无力的东西,恰恰相反,它是我们人类世界的一种积极力量。古人即使面对野蛮的战争也要讲究"师出有名",这并不单纯是一种道德上的自重,而是对主观性质的思想的敬畏。现代西方社会每一场成功的政变不仅仅是占领总统府,更要占领的是新闻舆论机构。主观的东西不可小觑,思想一旦抓住现实,就立刻变成一种物质的力量。客观的东西不再永远是客观的,这就是说客观事物在目的面前是不实的,前面所说的动物的食欲便是其中的例证,在欲望——肉体的目的——面前,客体不是固定不变的,也不是与自己疏远的、外在的东西。欲望重新建立了主体与客体的和平,客体不再是站在主体之外的,进入欲望之后,客体将扬弃自己的片面性和独立性。

2. 有志之士把肉体作为灵魂的工具

在目的性范畴的领域,主体与客体实现了初步的统一,但这仍是不够的——只是达到了黑格尔思想境界的门槛,因为这种统一仅仅是外在的统一。草与牛的统一是草变成了牛充饥的工具,羚羊与狮子的统一是羚羊变成了狮子食欲的工具,双方并不是一种自身的关系,而是一种外在的关系。黑格尔把这种外在的目的性思维方式与生活中实用的观点和工具论的观点联系起来。这些观点都认为事物自身没有什么使命，否定了事物本身的意义，转而寻求一种事物自身之外的意义和目的，事物只是被用作工具。譬如社会大众普遍认为读书的意义和目的是发财致富，读书不是为了读书本身，而是为了一种读书之外的目的，如获得金钱和权力，读书成为一种工具（"敲门砖"）。而那些人类中心论的观点也是典型的目的性思维，比如相信飞禽走兽是造物主提供人类享用的，棉麻毛丝是造物主提供人类取暖的，不一而足。目的性范畴对应着工具论的哲学思维，对象之外的东西才是追求的目标。

除了外在性，黑格尔认为目的性范畴还是有限的。无论目的内容，还是目的的客体都是有限的。一个人所意欲的内容或者想达到的目的无非是个人的利益、快乐等，这些内容本身是受限制的，个人无法提出超出自身限制的目的，就算一个人打算超出自身走向无限，最后也是掉入了片面的、虚假的无限。世界各地的人们所向往的神都试图超出有限的世俗世界，以达到无限的境界，但这些神无不带着各个民族有限的印记。目的客体的有限性则是指此种客体是现成的、偶然的、当下的、特殊的，一个人可以利用眼前的一切对象，无论是看得见的物体还是看不见的规则，但是他却无法把世界的全体本身当作工具。

在黑格尔的世界里，目的具有一种威力，拥有支配客体的力量。有志之士之所以能够勤奋刻苦，因为目的具有控制对象的能力，志向就是目的，有志向的人能够控制自己的肉体，把自己的肉体作为达到自己目的的工具，逼迫肉体自身丧失自己的倾向——譬如肉体向往安逸舒适——肉体（客体）本身没有了独立性，肉体成了灵魂的工具。一个人高度自制，意味着他的志向之力量足以支配他的肉体，而毫无自制力的人往往胸无大志或者只拥有薄弱的志向。自己的肉体可以成为自己的工具，倘若把他人当作自己的工具则可能带来一些问题。一个人的目的性很强，这意味着他把一切客体当作工具了。但是现实生活中谁也不想成为另一个人的工具，不想生活在某种目的的支配下，沦为"工具人"，人必须成为目的本身。如果一个人把你当作工具，你们大概是不会成为朋友的。朋友把对方本身当作目的，交往不是为了达到另外的目的，交往本身就是朋友之间交往的意义。

3. 理性的狡黠

前面所说的都是一种外在的、有限的目的，这种目的是一种直接的、主观的目的，而黑格尔所青睐的是客观的、无限的、理性的目的。从主观目的发展到了客观目的，目的的主体从拥有自我决定能力的个体变成了全体。个体在有限的时空中追求自己有限的目的，利用的客体工具也是有限的，每一个人都实现了自己的特殊目的,那么作为全体的目的又如何实现呢?黑格尔在此提出了著名的"理性的狡黠"的观点。一些人担心世界的目的没有实现,而黑格尔认为世界的目的其实早已自在自为地实现自身了。

世界精神任由每一个人追求自己特殊有限的目的,放纵每一个人的私欲,但是最后完成的意图却是世界精神自己的目的。拿破仑为了自己的荣誉率领铁骑扫荡欧洲,但是却实现了世界精神的目的,个人的目的性活动成为更高目的的工具,拿破仑正是在这个意义上被黑格尔称为"骑在马背上的世界精神"。世界的目的,即绝对的善不是个人直接以善为目的就可以实现的,有些时候,个人的恶的目的反而是历史的推动力。

由"理性的狡黠"观点,我们便可知道黑格尔是反对把更高的目的当作个人目的的,甚至可以说,更高的目的本身是不可捉摸了,以有限的主观的意识去揣测更高的理念极有可能适得其反。历史中不乏把绝对的善当作私人的目的,但是却带来空前的灾难,好人常常带来坏结果,坏人反而可能推进历史的进程。将绝对的善作为自己私人行为准则的人,不过是可笑的假道士,甚至可能是别有用心的小人。完成了的个人的目的性结果是天意的必不可少的环节,没有必要用国家的普遍理性去代替个人的主观理性,真正的普遍理性把个体的主观理性视为不可缺少的环节。黑格尔在此表明了他与亚当·斯密的一致性,这实际上就是市场经济的哲学论证,每一个人去追求自己的私欲,最后却达到公共的善。

个人的主观目的可能是罪恶,可能是错误,却是绝对理念的必要环节。我们总是生活在谬论和错觉之中,但是错觉也是世界历史向前发展自我设定的必要环节。黑格尔说:

> 理念在它发展的过程里,自己造成这种错觉,并建立一个对立者以反对之,但理念的行动却在于扬弃这种错觉,只有由于这种错误,真理才会出现。①

在如今的现代世界,反黑格尔较为流行,比如波普尔将黑格尔打入极权主义思想家行列。若黑格尔泉下有知,也许会以此自嘲:误解我也是一件幸事,也是达到历史真理的重要环节嘛。

---

① 黑格尔:《小逻辑》,贺麟译,商务印书馆,2016,第398页。

个体生命的死亡是民族精神的前进

[第 213~222 节]

在死亡里，族类表明其自身为支配那直接的个体的力量。就动物来说，族类的过程乃是它的生命力的顶点。

——黑格尔:《小逻辑》，第 410 页

1. 理念是绝对否定性

绝对是理念，理念之前的环节成了绝对者自我客观化的环节，也可以说是绝对者自我认识的阶段。理念既是前面一切环节发展的结果，也是前面一切环节以及一切现实事物的根据。黑格尔说，理念就是真理。一切事物，只要是真实的存在，它们就一定是理念；现实事物的真理性依赖于理念。这个论断打破了我们的"常识"，甚至与我们的"常识"截然对立，因为我们的"常识"认为现实的事物是坚硬的，也是一切真理的起点和归宿。但是，黑格尔哲学的思想底色是古代的怀疑主义，究其根本，黑格尔不相信任何现实事物的真理性，任何看得见摸得着的现存都是即将消逝的幻相，任何个体事物、现存只有在概念中才能保持自己的存在，现存事物的局限性构成了它们的有限性并导致自己的毁灭。理念如同一个大熔炉,它不断地产生外在的客观的规定,又不断地从这些外在事物之中重回自身。个别现实事物并像常识所认为的那般坚硬,它们不过是理念外在化的产物,也构成作为熔炉的理念自身运转的材料,处于不断产生又被毁灭的过程之中,它们本身不是自由的、不是静止的。黑格尔说:

> 理念最初是唯一的、普遍的实体,但却是实体的发展了的真正的现实性,因而成为主体,所以也就是精神。①

理念是大全一体,它是自由的唯一的实体。因此,不能把理念理解为任何个别事物的理念,比如苹果、桌子等,否则黑格尔哲学成了概念创世的神话学说了。

理念的根本规定并不是思维、概念等,而是绝对的同一性和绝对的否定性,或者说,理念意味着大全一体及其外在化的过程。黑格尔在理念环节所要告诉我们的是在外在的客观的事物当中建立绝对的统一,认识到一切有限事物的独立性假象。一切事物都出于理念并回归理念,理念曾经走出自身,

---

① 黑格尔:《小逻辑》,贺麟译,商务印书馆,2016,第400页。

建立客观的、有限的、外在的事物，但又返回到自身。理念在他物中直观自己，在实现了的客观性中认识自己。

理念是《逻辑学》最后的环节，也是主观概念与客观性的统一。理念是主体与客体、观念与实在、有限与无限、灵魂与肉体的统一。黑格尔所说的"统一"是把前面的环节囊括在自身内当作自身的环节，而不是二者的"折中"。因此，理念不等于概念，更不等于主观性的观念，而这都是一般人对黑格尔的偏见——黑格尔在他们的心中是抽象的概念论者，固执地认为黑格尔把概念甚至是主观性的观念当作创世主。人们对黑格尔哲学的普遍性误解无不来自概念与客观性分离的二元论视角，而黑格尔是一元论者，黑格尔所说的理念既不是概念，也不是客观性，而是概念及其客观化。黑格尔自己也认识到："由于理念不以实存为其出发点，又不以实存为其支撑点，因此便常常被当作单纯是一种形式的逻辑的东西。"[①] 不少人总是抱怨黑格尔哲学总是停留在抽象的思维之中，缺乏对生气勃勃的感性世界的关注，而把费尔巴哈、尼采、弗洛伊德以及后现代思想家当作感性世界的发现者。实际上，黑格尔的理念世界并不是干瘪无力的概念世界，而是涵盖了一切有限的、感性的、客观的、现实的、肉体的东西于自身中，真理既不在于抽象的概念——这样顶多达到形

---

① 黑格尔:《小逻辑》，贺麟译，商务印书馆，2016，第400页。

式的真理，也不在于盲目的客观物或无灵魂的肉——这样的客观物仅仅是一堆无意义的质料，毫无真理可言。不过，从另外一种意义上说，我们也必须承认，黑格尔给一切实在物套上了理念的枷锁，或者用宗教的语言说，黑格尔认为一切事物都闪耀着理念的光芒，一切实在出自理念又归于理念。黑格尔的理念论并不意味着概念创世的神话，而是力图建立一种绝对的统一意识：世界内那些彼此分离的、外在的事物，将永恒地从统一中发展出来并返回到统一，遵循着统一。第一，黑格尔让大家认识到有限事物的本性，它们的独立性是虚假的，它们自产生之日起就开始走向灭亡；第二，黑格尔重建了世界的统一性，在有限的事物中直观到永恒的理念，在碎片化的个体中认识到唯一的自由的实体。

　　破除二元论是进入黑格尔思想世界的一把钥匙。如果你认为主观的东西永远是主观的，永远与客观的东西相对立；如果你认为存在与概念永远是对立的，仅把概念当作存在的抽象概括，不能从概念中推导出存在；或者你认为有限与无限永远处在对立面的位置、灵魂与肉体相对立……那么你将无法进入黑格尔的思想领地，只能在门外叫嚷。黑格尔是一个理念论者，理念是绝对的否定性，理念不是对主体与客体、思维与存在、有限与无限的静止的统一，而是一种否定的统一。更为确切地说，理念是三元体，包含主观的精神环节与由理念自身客观化的堕落世界于自身内。黑格尔说：

> 凡仅仅是主观的主观性,仅仅是有限的有限性,仅仅是无限的无限性以及类似的东西,都没有真理性,都自相矛盾,都会过渡到自己的反面。因此在这种过渡过程中和在两极端之被扬弃成为假象或环节的统一性中,理念便启示其自身作为它们的真理。①

前面已经谈到了黑格尔哲学中的"得道成圣"不是远离世俗隐遁山林,而是一种类似于中国哲学所讲的"极高明而道中庸"的人生境界。于黑格尔而言,真理既不在于有限,也不在于无限;既不在于肉体,也不在于灵魂;既不在于概念,也不在于客观性,真理是把二者囊括在自身内作为自身的环节(注意不是简单的并列统一)。从中,我们可以推导出一种人生境界论:真正的圣人并不是远离人间烟火、对世俗充耳不闻的道士,也不是沉溺于感官享受、放任自己肉体冲动的瘾君子,而是以出世之精神做入世之事。中国古代的士大夫便是如此,他们并不隐遁山林,也不同流合污,而是替百姓制礼作乐,化民成俗,虽是日常人伦的琐事,而"易行乎其中",最后方能在世俗的世界亲近圣贤精神,在有限的世界体认无限。

---

① 黑格尔:《小逻辑》,贺麟译,商务印书馆,2016,第403页。

2. 个体生命的死亡是精神的前进

理念的两个根本性的规定是绝对同一性和绝对否定性。理念的绝对的同一性意味着理念是大全一体，一切出于并回归到理念之中，只有理念才是真正自由的，其他一切事物的独立性都是虚假的。理念的绝对否定性意味着理念是一个过程，而不是某个静止的东西，理念是不断外化的实体。

理念论并不能狭隘地理解为思维论、概念论、语言论，从理念的两个根本规定来看，可以说，黑格尔的理念与概念、思维等的关系反而是次要的。更进一步，如果我们知道黑格尔认为直接性的理念是生命时，那便更能理解此"理念"非彼"理念"，更能撇开思维的迷雾找到理念的根本规定。

生命是直接性的理念，生命是灵魂与肉体的统一，正如前面所说，理念是概念与实在的统一。实在是概念的外在性，肉体是灵魂的外在性。肉体的一切器官都具有独立性的假象，脚是脚，手是手，头是头，各个器官直接地看来是独立的，独立发挥作用，但是它们不过是主体性的生命的活动工具。各种肉体器官总是通过全体的和主体的生命才可得到理解，"脚痛医脚、头痛医头"的做法之所以行不通，就在于没有看穿头与脚的独立性幻相。生命并不是单纯的灵魂形式，也不是无形式的肉堆，生命把灵魂与肉体当作自己的环节，生命通过否定运动而仍然保持着自身。每天新陈代谢，一批细胞兴起又走向灭亡，这个人仍然保持这个人的同一性。

生命之所以是直接性的理念，而不是绝对的理念，是因为生命是作为个体而存在，个体是要消亡的。生命是有死的，任何个体都逃脱不了灭亡的命运，当有生命者死亡时，灵魂与肉体分离开了，肉体不再是灵魂的实在性，二者永远隔绝了，生命不再是生命了。

有生命的个体与另一有生命的个体形成了更为高级的一种生命，那便是族类。我们每一个中国人作为个体的生命都是有死的，但是中华民族是不死的，个体的生命本来是直接性的东西，但是一旦形成了族类，那便成了中介性的、被产生的东西，任何一个人只能作为某个民族的人而出生与成长。对于动物而言，个体生命的意义只是为了族类的延续，不断地产生又不断地陷入于有死的个体之中。对于有精神的人而言，个体的生命是自觉的，个体的生命不复无限地归为个体，而成为自觉的民族精神，能够以天下为己任。黑格尔说：

> 但是生命的理念因而不仅必须从任何一个特殊的直接的个体性里解放出来，而且必须从这个最初的一般的直接性里解放出来。这样，它才能够达到它的自己本身，它的真理性。从而，它就能够进到作为自由的族类为自己本身而实存。那仅仅直接的

个体的生命的死亡就是精神的前进。[①]

黑格尔告诫我们要超脱生命的特殊性和直接性,生命的真理并不在于直接的肉体或者特殊的个人灵魂,我们真正的生命是民族的生命,"我将无我"方能找到真正的我。个体的死亡不可避免,有些个体生命的死亡是民族精神的前进,并且融入了不死的民族精神之中,人的不朽也就在于此。

[①] 黑格尔:《小逻辑》,贺麟译,商务印书馆,2016,第411页。

年轻人总以为这个世界坏透了!

[第 223~244 节]

只要我们认识到,这世界的最后目的已经完成,并且正不断地在完成中。大体讲来,这代表成人的看法,而年轻人总以为这世界是坏透顶了……

——黑格尔:《小逻辑》,第 422~423 页

1. 现代世界的分裂与黑格尔的弥合

生命是自在的理念,如前面所说,生命是直接性的理念。理念扬弃其直接性便从生命过渡到了认识,因为在认识里,理念不是直接性的,而是间接的、中介的,这样的一种关系是反思的关系。由此而产生了两个世界,一个是外在的世界,一个是理念的概念世界,或者说一个是我们眼前的客观世界,另一个是理念自身内纯粹区别的世界。这种主体与客体、思维与存在、我们与外在世界的分离正是现代人的生存处境。我们不再与外在世界亲近了,我是我,客观世界是客观世界,我与客观世界的关系是外在的,物我一体的状态已经成为一种过往追忆,我在外在世界中没有归宿,仿佛一

朵不停漂泊的蒲公英。

黑格尔哲学就是为了弥合现代世界的分裂而出场的，理性具有一种建立世界统一的欲望。

> 理性出现在世界上，具有绝对信心去建立主观性和客观世界的同一，并能够提高这种确信使成为真理。理性复具有一种内在的冲力，把那据它看来本来是空无的对立，复证实其为空无。①

在黑格尔看来，虽然现代人面对两个分离的世界，两个世界之间似乎存在一条鸿沟而不可跨越，但是理念却深信能够建立自己与外在的客观世界的统一。这便是黑格尔所说的建立主观性与客观世界的统一。黑格尔的说法并非他个人的盲目自信，因为我们的认识一直在进行主客体统一的活动。当我们去认识世界的时候，我们不正是接纳外在世界进入理性之中吗？外在世界变成了认识的内容，扬弃了认识的片面性和理性的主观性，存在着的世界进入理性之中，充实了理性的规定，使得理性不再仅仅是主观的和抽象的。理性具有改造世界的能力，理性扬弃了客观世界的片面性和固定性，理性并不把客观世界当作真理，而把客观世界看作虚妄的假

---

① 黑格尔：《小逻辑》，贺麟译，商务印书馆，2016，第412页。

象,看成能够改造和重塑的偶然的东西。因此,在理性的认识活动和实践活动中,理性都坚信自己能够建立主观性与客观性的统一。

关于认识活动,黑格尔时代与我们这个时代一样,比较流行的是经验主义认识论,即洛克的"白板说"。经验主义者都采用分析的方法,"着重于从当前个体事物中求出其普遍性",这也是我们所说的"概括",从诸多个体中概括出普遍,抽象出一般原则。如此一来,思维活动仅仅是抽象活动,思想、理念本身便只有形式同一性的意义。分析方法在我们这个时代尤为流行,绝大多数研究者所做的工作都是运用分析的方法,把眼前的事物分割,孤立地进行研究,从中抽出一般的原则,并且把这种研究当作无可置疑的科学。譬如化学家研究一块肉,分析出这块肉是由氮元素、氧元素、碳元素等构成的;或者一些物理学家,分析出世界是由质子、电子、量子等粒子构成。这些研究固然达到了"片面的深刻",但是这些抽象的元素不再是肉,这些抽象的粒子不再是世界,不仅陷入了一种"只见树木不见森林"的困境,而且脱离了全体的要素,已经不再是本来意义上的要素了。再如经验派的心理分析,单独拿出人的情商、智商等进行分析或者分别研究人的某种心理状态,这都不能认识到一个人行为的真相。如前面所说,这些被抽出的对象都不是独立的。当然,黑格尔不是完全反对他们的观点,分析方法是认识的一个环节，黑格尔只是告诉他们此种方法的局限性。

2. 年轻人总是以为世界坏透了

意志不同于认识，理智把认识当成对客观世界的临摹，客观世界是第一性的，而意志则带有一种气吞山河的豪迈，反客为主，"为有牺牲多壮志，敢教日月换新天"，意志藐视那假定在先的客观世界，拒绝承认外在世界是固定不移的存在，而把外在世界看作虚妄的、能够变革的东西。黑格尔说：

> 理智的工作仅在于认识这个世界是如此，反之，意志的努力即在于使得这世界成为应如此。①

意志终究只是有限的东西，只是主观的理念，意志虽然藐视眼前的客观世界，但又以客观世界的独立性为前提，否则意志便没有必要摆出与客观世界决斗的姿态了。意志与客观世界的斗争，人与天斗、与地斗，都是对它们独立性的承认，意志不可能与毫无独立性的傀儡斗争，与某人决斗就是对某人独立性的一种承认。如果有人享受意志斗争的快乐，弱不禁风的对象并不能给他带来这种快乐，独立的对象才

---

① 黑格尔：《小逻辑》，贺麟译，商务印书馆，2016，第422页。

能带来斗争的快乐。据科耶夫的解释，恋爱中的男女也是一样，爱情是一个独立意志对另一个独立意志的渴望，而不是对某物、肉体或者无独立性对象的欲望，真正的爱情不是一方听从于另一方，当一方彻底服从于另一方时，那便是爱情的终结。因此，当你想要得到一个人的爱时，并不是要屈从于对象，而是要引起对象前来斗争（征服）的欲望；当你想要保持爱情时，并不是缴械投降，凡事唯命是从，而是让这场意志之间的斗争不断进行着！

意志哲学代表了年轻人的思维，年轻人总是以为这个世界坏透了，必须彻底推倒。年轻人群体里盛行主观主义，"这个世界应当自由""这个社会应当人人平等"，"应当"的想法在主观主义者的头脑中不自觉地处于支配性的地位。意志哲学总是对这个世界抱有不满，感叹真正的善还没有降临到这个世界，因此，年轻人成为改变社会的动力，改造世界的热情持续地推动着他们。但是，当他们发现这个世界并不会如他们所愿时，便极有可能陷入哀怨苦闷之中。中国在20世纪80年代的"伤痕文学"热便是意志哲学受挫后的一种表现。

黑格尔以一种过来人的口吻告诫年轻人，不可一直停留在有限的意志之中。

> 那虚幻不实、倏忽即逝的东西仅浮泛在表面，

而不能构成世界的真实本质。世界的本质就是自在自为的概念，所以这世界本身即是理念。一切不满足的追求都会消逝，只要我们认识到，这世界的最后目的已经完成，并且正不断地在完成中。大体讲来，这代表成人的看法，而年轻人总以为这世界是坏透顶了……①

黑格尔并不反对意志，意志哲学也是哲学体系中的一个环节，正如青年是一个人一生的必要阶段一样。黑格尔早已经历过这种阶段，如今的他是饱经沧桑的老者，笑看云卷云舒，尽观花开花落，世界的善并不是我们头脑中的永远没有实现的东西，恰恰相反，世界本身早已处在善的路上，最高的善正在完成，甚至已经完成。黑格尔不再对世界抱有不满足，不会因为世界不如己意而垂头丧气，因此他不再会失落，反而经常是泰然处之的悠闲。在黑格尔看来，必须扬弃意志哲学的主观性，进而在更高的意义上认识到客观世界本身的真理性。

3. 绝对理念本身不是真理

客观理念与主观理念的统一，生命的理念与意志的理念

---

① 黑格尔:《小逻辑》，贺麟译，商务印书馆，2016，第422页。

的统一,理论理念与实践理念的统一,都是绝对理念。从纯存在开始,历经千辛万苦,黑格尔在一路上不断地给我们推导出一个又一个环节,又不断地抛弃这些环节,并且告诉我们后面的环节更精彩,引诱我们不断前进,现在终于到达了终点,绝对理念。不少人以为绝对理念就是最后的目的和唯一的真理,憧憬着能够在"绝对理念"环节找到宝藏,但是令所有人意外的是,"绝对理念"本身并不是真理!黑格尔自己也调侃:"一说到绝对理念,我们总会以为,现在我们总算达到至当不移的全部真理了。"[①] 但是绝对理念的真正内容并不是某个最后的可以直接拾取的真理,而是我们此前曾经研究的整个体系!

绝对理念是整个展开过程,世界上的一切对象和内容都是绝对理念的活生生的发展。

> 那最后达到的见解就是:构成理念的内容和意义的,乃是整个展开的过程。我们甚至可以进一步说,真正哲学的识见即在于见到:任何事物,一孤立来看,便显得狭隘而有局限,其所取得的意义与价值由于它是从属于全体的,并且是理念的一个有机的环节。[②]

[①] 黑格尔:《小逻辑》,贺麟译,商务印书馆,2016,第424页。
[②] 黑格尔:《小逻辑》,贺麟译,商务印书馆,2016,第425页。

由此可以明白，绝对理念并不是知性的抽象的普遍，而是包含特殊的普遍性，它统摄了所有内容和规定性，一切又重新回到了绝对的形式之中。世界上一切个别的东西都是狭隘的，它们都是属于绝对的全体，并且作为绝对的全体的有机环节。实际上，黑格尔在这最后的终点到达了谢林"绝对同一性"的境界，只不过谢林的"绝对同一性"是独断的，而不是像他这样，是历经一系列运动得到的结果。

终于到达了绝对理念的环节，但黑格尔竟然告诉我们绝对理念本身空无一物，并不是真理，真理是我们过去经历的一切环节，绝对理念的整个展开过程，世界上的一切对象和内容都是绝对理念的活生生的发展。

主要参考文献

1. 《马克思恩格斯文集》(第1卷),人民出版社,2009。
2. 黑格尔:《小逻辑》,贺麟译,商务印书馆,2016。
3. 黑格尔:《逻辑学》,杨一之译,商务印书馆,2016。
4. 黑格尔:《精神现象学》,先刚译,人民出版社,2016。
5. 黑格尔:《哲学史讲演录》(第1~4册),贺麟等译,商务印书馆,2016。
6. 黑格尔:《法哲学原理:或自然法和国家学说纲要》,范扬、张企泰译,商务印书馆,2016。
7. 黑格尔:《美学》,朱光潜译,商务印书馆,1996。
8. 黑格尔:《黑格尔早期神学著作》,贺麟译,商务印书馆,2016。
9. 黑格尔:《历史哲学》,王造时译,上海书店出版社,2001。
10. 康德:《纯粹理性批判》,邓晓芒译,杨祖陶校,人民出版社,2004。
11. 康德:《实践理性批判》,邓晓芒译,杨祖陶校,人民出版社,2003。
12. 康德:《判断力批判》,邓晓芒译,杨祖陶校,人民出版社,2002。

13. 谢林:《哲学与宗教》,先刚译,北京大学出版社,2016。

14. 谢林:《近代哲学史》,先刚译,北京大学出版社,2016。

15. 谢林:《学术研究方法论》,先刚译,北京大学出版社,2019。

16. 〔美〕特里·平卡德:《黑格尔传》,朱进东、朱天幸译,商务印书馆,2020。

17. 〔加〕查尔斯·泰勒:《黑格尔》,张国清、朱进东译,译林出版社,2012。

18. 〔英〕W.T.斯退士:《黑格尔哲学》,鲍训吾译,河北人民出版社,1987。

19. 张世英:《论黑格尔的逻辑学》,中国人民大学出版社,2010。

20. 张世英:《张世英黑格尔哲学五讲》,文化艺术出版社,2018。

21. 张世英编著《黑格尔〈小逻辑〉绎注》,吉林人民出版社,1982。

22.《张世英文集》(第1卷),北京大学出版社,2016。

23. 张世英:《黑格尔词典》,吉林人民出版社,1991。

24. 杨祖陶:《德国古典哲学逻辑进程》,武汉大学出版社，2003。

25. 杨祖陶、邓晓芒:《康德〈纯粹理性批判〉指要》，人民出版社，2001。

26. 邓晓芒:《黑格尔哲学讲演录》，商务印书馆，2020。

27. 先刚:《永恒与时间——谢林哲学研究》，商务印书馆，2008。

28. 先刚:《哲学与宗教的永恒同盟：谢林〈哲学与宗教〉释义》，北京大学出版社，2015。

29. 吴晓明:《黑格尔的哲学遗产》，商务印书馆，2020。

30. 刘创馥:《黑格尔新释》，商务印书馆，2019。

31. 〔法〕亚历山大·科耶夫:《论康德》，梁文栋译，华东师范大学出版社，2020。

32. 〔法〕科耶夫:《黑格尔导读》，姜志辉译，译林出版社，2005。

33. 杨一之:《康德黑格尔哲学讲稿》，商务印书馆，1996。

34. 张汝伦等:《黑格尔与我们同在：黑格尔哲学新论》，上海人民出版社，2017。

35. 仰海峰:《〈资本论〉的哲学》，北京师范大学出版社，2017。

36. 吴晓明:《黑格尔的哲学遗产》,商务印书馆,2020。

37. 张一兵:《不可能的存在之真:拉康哲学映像》,上海人民出版社,2020。

后　记

我写这本关于黑格尔的书不是为了学术研究和发表论文，而是为了实实在在地把日子过好，在人心浮躁的现代社会安顿自己的生命。

黑格尔、马克思与朱熹的哲学理论是我思考问题的主要思想资源，费尔巴哈和尼采则给予了我面对现代虚无的精神勇气。如何在不断变动的、资本支配的、祛魅的现代社会安身立命是我这本小书的主要关切。至于为什么借助《小逻辑》的解读来追索我的答案，则是由《小逻辑》本身的格局所决定的：它穷尽了人类思维迄今为止最为广博的思想范畴，这些范畴是我们一切思想的环节。在这个意义上，研读《小逻辑》是思想我们的思想，是反思我们思想借以形成的工具，而不是对某一观点本身的肯定与否定。譬如，我们反思的不是"经济基础决定上层建筑"论断是否合理，而是对此论断得以形成的前提——因果关系——的反思，即因果关系在解释社会历史问题时的限度。

当然，更为主要的是，黑格尔可以说是第一个对现代性进行反思的哲学家，我们今天仍然处在黑格尔的时代。《小逻辑》表面上是关于形而上学的内容，但黑格尔形而上学、逻辑学或者认识论等问题却是由他对宗教、伦理等问题的深刻关切所推动的。黑格尔的逻辑学、认识论并不如康德的那样，仅仅是导向自然科学的工具，而是重建世界统一的形而上学奠基，借用宗教的语言来说，黑格尔的逻辑学是上帝创世前的蓝图，包含着这个世界一切事物的本质，它作为普照光是万事万物——包括自然与精神——存在的根据。

认识这个大全世界（而不是碎片化的局部或抽象出来的存在），是我们建立自己的意义、价值以及行为规范的前提。黑格尔的"绝对""上帝""大全"即是我们中国人常说的"天""天道"，天道的内容决定着现实生活中人们的选择。天道好仁，则施仁义；天地不仁，无为由是生焉。中国人的价值观、伦理以及各种行为规范背后都存在一套完整的形而上学体系，即使大多数人也许并没有意识到，直到宋明时期的二程、张载的形上体系反思出来。黑格尔的大全体系提示着我们重建精神家园的方向。

写完此书，方觉马克思的那句已经烂熟的话诚不我欺，他说的是，"任何真正的哲学都是自己时代的精神上的精华"。[1] 此书虽然并没有写成一部体系性的论著，难以堪称"哲学"，仅仅是对黑格尔的"偏见"式叙述，但是我必须坦白，此书不属于我的精神，而是属于我们中国现时代的精神。我并不是与世隔绝或者从天而降的一个人，而是生在这

---

[1]《马克思恩格斯全集》（第1卷），人民出版社，1995，第220页。

片土地上，吸吮中国过去与当下的精神而成长起来的个体，如果没有贺麟对黑格尔著作的翻译与介绍，杨祖陶、邓晓芒对康德著作的解读，张世英、张汝伦对黑格尔哲学与中国哲学之间的沟通，先刚对谢林哲学的翻译与解释……此书的完成是不可能的。中国近代以来数代前辈的精神劳作是当下中国青年理解黑格尔的思想基石，他们的精神果实无偿地供我们食用，我自然也在受惠者之列。百年来，中国的思想界已经为黑格尔哲学的复生付出了巨大的努力，到了我们这个时代，一切相关的精神河流汇集于此，一种活生生的黑格尔精神已经呼之欲出了，它应该不再仅仅是研究的对象，而必须转换为中国现时代的精神。

熊十力先生曾言，凡愿大者常恐其生之促，奘师将译般若六百卷，常恐不成而死，而卒成矣。我所述黑格尔之言论，于外人而言，绝非至大至要，但我自己却十分珍视，它已融为我生命的一部分。朝闻道，夕死可矣！

图书在版编目(CIP)数据

哲学和我们的时代：读黑格尔《小逻辑》/ 周龙辉著. -- 北京：社会科学文献出版社，2022.1
ISBN 978-7-5201-9715-1

Ⅰ.①哲… Ⅱ.①周… Ⅲ.①黑格尔（Hegel, Georg Wehelm 1770-1831）-辩证逻辑-研究 Ⅳ.①B811.01②B516.35

中国版本图书馆CIP数据核字（2022）第020926号

哲学和我们的时代
——读黑格尔《小逻辑》

著　　者 / 周龙辉

出 版 人 / 王利民
责任编辑 / 罗卫平
文稿编辑 / 周浩杰
责任印制 / 王京美

出　　版 / 社会科学文献出版社·人文分社（010）59367215
　　　　　　地址：北京市北三环中路甲29号院华龙大厦　邮编：100029
　　　　　　网址：www.ssap.com.cn
发　　行 / 社会科学文献出版社（010）59367028
印　　装 / 三河市东方印刷有限公司

规　　格 / 开　本：889mm×1194mm　1/32
　　　　　　印　张：10　字　数：180千字
版　　次 / 2022年1月第1版　2022年1月第1次印刷
书　　号 / ISBN 978-7-5201-9715-1
定　　价 / 78.00元

读者服务电话：4008918866

版权所有 翻印必究